"十三五"国家重点图书出版规划项目
中国特色畜禽遗传资源保护与利用丛书

德 保 矮 马

韩国才　邓　亮　主编

中国农业出版社
北　京

本书编写人员

主　编　韩国才　邓　亮

副主编　徐　杨　李平岁

编　者　（按姓氏拼音排序）

邓　亮　韩国才　黄华汉　李平岁　梁建森

岑花燕　陆广涛　汤　驰　徐　杨　颜明挥

张　翔

出版说明

我国是世界上畜禽遗传资源最为丰富的国家之一。多样化的地理生态环境、长期的自然选择和人工选育，造就了众多体型外貌各异、经济性状各具特色的畜禽遗传资源。入选《中国畜禽遗传资源志》的地方畜禽品种达500多个、自主培育品种达100多个，保护、利用好我国畜禽遗传资源是一项宏伟的事业。

国以农为本，农以种为先。习近平总书记高度重视种业的安全与发展问题，曾在多个场合反复强调，“要下决心把民族种业搞上去，抓紧培育具有自主知识产权的优良品种，从源头上保障国家粮食安全”。近年来，我国畜禽遗传资源保护与利用工作加快推进，成效斐然：完成了新中国成立以来第二次全国畜禽遗传资源调查；颁布实施了《中华人民共和国畜牧法》及配套规章；发布了国家级、省级畜禽遗传资源保护名录；资源保护条件能力建设不断提升，支持建设了一大批保种场、保护区和基因库；种质创制推陈出新，培育出一批生产性能优越、市场广泛认可的畜禽新品种和配套系，取得了显著的经济效益和社会效益，为畜牧业发展和农牧民脱贫增收作出了重要贡献。然而，目前我国系统、全面地介绍单一地方畜禽遗传资源的出版物极少，这与我国作为世界畜禽遗传资源大国的地位极不相称，不利于优良地方畜禽遗传资源的合理保护和科学开发利用，也不利于加快推进现代畜禽种业建设。

为普及对畜禽遗传资源保护与开发利用的技术指导，助力做大做强优势特色畜牧产业，抢占种质科技的战略制高点，在农业农村部种业管理司领导下，由全国畜牧总站策划、中国农业出版社出版了这套“中国特色畜禽遗传资源保护与利用丛书”。该丛书立足于全国畜禽遗传资源保护与利用工作的宏观布局，组织以国家畜禽遗传资源委员会专家、各地方畜禽品种保护与利用从业专家为主体的作者队伍，以每个畜禽品种作为独立分册，收集汇编了各品种在管、产、学、研、用等相关行业中积累形成的数据和资料，集中展现了畜禽遗传资源领域最新的科技知识、实践经验、技术进展与成果。该丛书覆盖面广、内容丰富、权威性高、实用性强，既可为加强畜禽遗传资源保护、促进资源开发利用、制定产业发展相关规划等提供科学依据，也可作为广大畜牧从业者、科研教学工作者的作业指导书和参考工具书，学术与实用价值兼备。

丛书编委会

2019 年 12 月

序言

我国是世界畜禽遗传资源大国，具有数量众多、各具特色的畜禽遗传资源。这些丰富的畜禽遗传资源是畜禽育种事业和畜牧业持续健康发展的物质基础，是国家食物安全和经济产业安全的重要保障。

随着经济社会的发展，人们对畜禽遗传资源认识的深入，特色畜禽遗传资源的保护与开发利用日益受到国家重视和全社会关注。切实做好畜禽遗传资源保护与利用，进一步发挥我国特色畜禽遗传资源在育种事业和畜牧业生产中的作用，还需要科学系统的技术支持。

“中国特色畜禽遗传资源保护与利用丛书”是一套系统总结、翔实阐述我国优良畜禽遗传资源的科技著作。丛书选取一批特性突出、研究深入、开发成效明显、对促进地方经济发展意义重大的地方畜禽品种和自主培育品种，以每个品种作为独立分册，系统全面地介绍了品种的历史渊源、特征特性、保种选育、营养需要、饲养管理、疫病防治、利用开发、品牌建设等内容，有些品种还附录了相关标准与技术规范、产业化开发模式等资料。丛书可为大专院校、科研单位和畜牧从业者提供有益学习和参考，对于进一步加强畜禽遗传资源保护，促进资源可持续利用，加快现代畜禽种业建设，助力特色畜牧业发展等都具有重要价值。

中国科学院院士
中国农业大学教授 吴常信
2019年12月

前言

首先，感谢和缅怀王铁权先生，是他重新发现了矮马。1981年王先生在广西壮族自治区靖西县发现一匹体高92.5cm的7岁公马，继而又在德保县发现86cm高的成年栗毛母马，此后他又相继十余次去德保县考察，确认该县是最集中、最具有代表性的中国矮马产区。于是，德保矮马进入了人们的视野，迈进了一个新的时代。

20世纪90年代开始后一段时间，德保矮马的发展并不理想。直到2009年，《经济日报》记者周骁骏向国家领导人递交了一份反映《德保矮马亟待保护开发》的内参。接领导批示后，笔者与全国畜牧总站王志刚处长按照批示要求赴德保县开展了考察调研，自此对德保矮马进行了长达十多年的关注和研究。在各级领导、业界同仁、德保矮马保种场和学生们共同努力下，在推动德保矮马保护和发展事业方面开展了如下一系列工作：

一是通过实地调查走访，摸清了德保矮马的资源状况；推动德保矮马国家级品种申请与审定工作，于2014年由农业部公告“德保矮马”列入国家级畜禽遗传资源保护名录。

二是促进德保矮马保种场建设与升级。德保矮马原种场于2010年建立，2011年升级为省级保种场，2012年升级为国家级保种场，按照保种场的迭代要求进行了硬件建设和人员培训。

三是制定了德保矮马地方标准，并进行了一系列的培训教材建设，使人才培养与产业发展相适应。

四是开展德保矮马网络在线系统登记，促成德保矮马协会成立，使矮马品种管理与产业发展系统化、科学化。

五是推进矮马评比、矮马旅游、少年马术队等系列活动，使保种与利用相互促进。

以上这些工作大大促进了德保矮马的保护和发展，也为编写《德保矮马》这一专著积累了资料、奠定了基础。如何更好地保护、更快地发展让更多的人受益，使这样一个鲜明而独特的种质资源造福人民、服务社会是当前迫切而重要的任务。《德保矮马》一书的出版对推动矮马产业发展、丰富人们的文化生活具有重要作用。

历史上果下马与矮马密不可分，但又有明显区别。相似之处是矮小，过去和现在德保县都是矮小马匹的主要产区，也是贡马区。不同之处是果下马“身高三尺”，约69 cm高，而当今的德保矮马标准体高上限为106 cm，也就是说现在德保矮马中只有极少数矮小的个体才称得上是果下马，果下马是小而少的精品。此外，文化上也有差异，果下马在历史上有独特的文化地位，她首先是皇室用马、是仪仗马，可作为皇家祭祀、礼仪用马；其次是宠物马、礼品马，可作为国家之间或君臣之间的贵重赠品。“果下马”之名也是中华文明的体现，既表示高贵之意，又避讳了“矮”的贬义。

现代西方社会，马是人们健身娱乐的工具，也是文化和理念的载体。矮马在世界各地数量不少，也已成为特色产业。矮马有专门的品种标准，有独立的系列赛事和活动，也有特定的行业管理部门。

中西方结合，为德保矮马的发展提供了很有价值的参考，少年骑乘和伴侣用马是矮马产业辉煌灿烂的明天。

编　者

2019年12月

目录

第一章
德保矮马起源与进化

第一节　产区自然生态条件

一、位置及历史沿革

1. 产区位置　德保矮马主产于广西壮族自治区百色地区德保县，周边各县亦有分布。

德保县地处广西壮族自治区西南部，距首府南宁230 km，距百色市120 km。位于东经106°37′—107°10′，北纬23°10′—23°46′。距国家一级口岸龙邦80 km，是广西壮族自治区百色市连接越南及东盟其他国家的咽喉。

截至2017年，德保县全县总面积2 575 km^2，总人口34.13万人，以壮族为主，此外还有汉族、瑶族等民族。德保县下辖乡镇有：城关镇、隆桑镇、敬德镇、足荣镇、马隘镇、东凌镇、那甲镇、都安乡、荣华乡、燕峒乡、龙光乡、巴头乡和朴圩乡。德保县政府驻城关镇。其中燕峒乡、巴头乡为德保矮马主要产区。

2. 历史沿革　德保县从秦时就有了记载，其历史沿革如下：

德保县秦属象郡，秦始皇三十三年（公元前214年）置，治所在临尘县（今广西崇左县境），是秦始皇在岭南地区设置的三郡之一（另两郡是桂林郡和南海郡）。汉代属牂牁郡句町县地。晋代属兴古郡。唐代为凎州（羁縻州）。宋代建镇安峒。元至元十八年十月（1281年）建镇安州，二十九年六月改为镇安路。明代洪武元年（1368年），镇安路改为镇安土府，府治设于小镇安厅（今那坡县）的感驮岩，次年（1369年）府治移建于凎州（今德保县）。清康熙二年（1663年）改土归流为镇安府；乾隆四年（1739年）

镇安府添设附廓县，名天保县；宣统三年（1911年），置府废县。

民国二年（1913年），废府复置天保县，并恢复道制，天保县属田南道。民国八年（1919年），广西省划分为12个区，天保县属第12区。民国十年（1921年）6月，全省12个区并为6个区，天保县属第6区，区治在百色。民国十一年（1922年）7月增设天保民团区，区治在天保县，辖天保、恩隆、思林、奉议、向都、靖西、镇边、镇结8个县。民国十二年（1923年）3月民团区改为行政监督区，辖县不变，并划出恩阳县的东凌、仁和、塘日、扶平、赖德、保宁6个乡镇，靖西县的渠洋、太和、魁圩3个乡，天保县的多敬、凌怀、多浪3个乡，一共12个乡于民国十三年（1924年）在靖西、天保、恩阳、百色接界处成立敬德县（县治在多敬圩），属天保行政监督区。

1949年12月，敬德、天保两县先后解放，分别成立人民政府，均属龙州专区。1951年7月，改属百色专区。同年8月，敬德、天保合并为德保县，县治在原天保县城。

二、自然环境

1. 地形地貌　产区地处云贵高原东南边缘余脉，是广西壮族自治区西南岩溶石山区的一部分。境内地形地貌结构特殊复杂，喀斯特、半喀斯特地形纵横交错，成土母质以石灰岩、沙页岩为主。地势西北高、东南低，西北谷地海拔一般600～900 m，山峰海拔为1 000～1 500 m；东南谷地海拔只有240～300 m，山峰海拔为800～1 000 m。

2. 资源优势　境内有铝、煤、铜、铁、金、锰、磷、锑、水晶、重晶石、大理石等矿产20多种。铝矿远景储量3.5亿t；铜矿储量1 078万t；水利资源蕴藏量为13.71万kW，可开发量达7.5万kW。有0.67万hm^2生态旅游红枫林，有世界上最大的恒温酒窖老虎洞和堪称华南洞穴一绝的吉星岩，有记载百粤民族远古历史的百粤古道。德保苏铁是国家一级保护物种，是现存最古老的种子植物，是珍贵的“活化石”，具有极高的研究与观赏价值。

3. 特产优势　著名地方产品有八角、茴油、德保矮马、五爪蛤蚧、保健酒等。其中德保蛤蚧酒多次被评为中国文化名酒；八角、茴油生产具有悠久历史，享有“没有天保茴油，巴黎香水不香”的美誉，现有2.4万hm^2八角生态林；德保矮马是世界两大矮马源流之一，在旅游、观赏和兽医实验上具有极高价值。主要旅游景点有红叶森林公园、小西湖、云山独秀峰、吉星岩、老虎洞等。

4. 气候 产区属于南亚热带季风气候，气候温凉，无严寒酷暑，春秋分明，夏长冬短，夏湿冬干，雨热同期。年平均气温 19.5℃，最高气温 37.2℃，最低气温−2.6℃；无霜期从 1 月下旬至 12 月下旬，平均 332 d。年降水量 1 463.2 mm，其中降雪仅 0.7 mm，雨季一般为 5—10 月；年相对湿度 77%。年静风占 51%，平均风速 1.1 m/s。

5. 水文 德保县共有大小河流 31 条，其中以鉴河为最大。绝大部分河流分布在东南部，西北部冬春比较干旱。水资源总量为 25.7 亿 t，可利用水 5 亿 t。

6. 土地 土壤以赤红壤、红壤、黄壤、石灰（岩）土等为主。德保县山地面积 22.18 万 hm^2，约占土地总面积的 86%。2018 年有耕地面积 1.92 万 hm^2，占土地总面积的 7.45%。

7. 作物 主要农作物有玉米、水稻、豆类、小麦、荞麦、甘蔗、高粱等。草地面积 6.74 万 hm^2，牧地广阔，牧草种类多，有利于马的发展。主要种植的牧草有黑麦草、桂牧 1 号象草等。

8. 生态 21 世纪之初开始实行退耕还林政策，森林覆盖率有所提高，山区石漠化和水土流失状况得到减缓。但随着德保县工业建设的不断加快，在开发建设中可能会影响地貌形态、破坏植被，影响矮马的生存，应引起重视。

第二节 产区社会经济

一、人文

全县辖 12 个乡（镇）185 个村（社区）委会，聚居壮、汉、瑶等 9 个民族，其中壮族人口占 98%。2005 年、2006 年连续两年进入“广西经济发展十佳县”行列；2008 年、2010 年荣获“广西科学发展进步县”；2009 年荣获西部最具投资吸引力城市；2010 年荣获“中国十佳生态休闲文化旅游县”称号；2011 年荣获“中国最具特色乡村旅游目的地”殊荣；2012 年荣获“中国魅力文化生态旅游目的地”称号。2018 年获国家“德保矮马”地理标识。德保县是壮族文化的主要代表地区之一。

壮族是个好客的民族，历史上到壮族村寨任何一家做客的客人都被认为是全寨的客人，往往几家轮流请吃饭，有时一餐饭吃五、六家。平时即有相互做客的习惯，比如一家杀猪，必定请全村各户每家来一人，共吃一餐。招待客人的餐桌上务必备酒，方显隆重。敬酒的习俗为“喝交杯”，其实并不用杯，而是用白瓷汤匙舀起一羹互敬。

壮族地区每年都会举办歌会，歌会以农历三月初三最为隆重，大山歌圩有万人以上参加。内容有请歌、求歌、激歌、对歌、客气歌、推歌、盘歌、点更歌、离别歌、情歌、送歌等。这期间，各家各户吃五色糯米饭。过去，壮族一年种一季水稻，三月初三是备耕时间，歌圩就是为春耕农忙做物质的和精神的准备。吃五色饭、五色蛋，是预祝五谷丰登的意思。

二、经济

1. 经济情况　2018 年德保县全县地区生产总值完成 85.56 亿元，增长 1.2%；财政收入 10.93 亿元，同比增长 2.36%；规模以上工业总产值完成 92.46 亿元，同比下降 8.03%；规模以上工业增加值完成 38.72 亿元，同比下降 2.2%；固定资产投资同比下降 22.96%；社会消费品零售总额完成 14.16 亿元，增长 6.32%；城镇居民人均可支配收入 32 114 元，增长 5%；农村居民人均可支配收入 10 283 元，增长 8.6%。按 2016 年全年统计，德保县年人均文化教育、医疗保健、交通通信、娱乐用品及服务等消费支出共 986.40 元。

2. 农业　全年农林牧渔业总产值完成 18.36 亿元，增长 4.56%。在保证粮食种植面积、保障粮食安全的基础上，进一步优化农业产业结构，推进了农业产业化进程，促进了农村经济的发展。主要农作物种植面积：玉米 14 058 hm^2，水稻 11 683 hm^2，小麦 619.73 hm^2，荞麦 587 hm^2，高粱 29 hm^2，豆类 6 165 hm^2，甘蔗 411 hm^2。主要种植的牧草有桂牧 1 号 10.67 hm^2，黑麦草 16.67 hm^2。全县共种植烤烟 700 hm^2，总产量达 2.3 万担，产值突破 1 000 万元。

3. 畜牧业情况　德保县畜禽养殖业以生猪、牛、羊、马和家禽为主，但总体规模均不大，2016 年全县生猪出栏 14.58 万头、牛 3.25 万头、山羊 4.72 万只、家禽 313.38 万只，其中鸡 265.94 万只；存栏猪 9.97 万头，大牲畜 5.93 万头（其中马 1.31 万匹），山羊 4.66 万只，家禽 196.55 万只；肉类总产量 19 970 t，其中猪肉 10 895 t、牛肉 3 061 t、羊肉 772 t、禽肉 5 106 t，禽蛋产量 992 t。

三、矮马文化

1. 矮马用途

（1）农耕　德保县多山，历史上农民生产劳作全依赖善走山路、灵活耐劳的矮马，矮马是当地农耕的主要畜力（图1-1），在农业生产中发挥了巨大的作用。

图1-1　矮马农耕（原照）

（2）交通和运输　德保县是八山一水一分田，多崎岖山路、斜陡山崖、深险沟壑。矮马善走山路，是当地群众的主要交通运输工具。德保县境内，有一处价值颇高的人文景观——百粤古道，修建于明代，南北走向。1989年调查发现，全长约75 km，宽2.5～3 m，是当时南北的交通要道，路面铺砌石块，现遗存较完整的有“百粤坡”“红泥坡”两个路段（图1-2），尚存石刻“百粤坡”“阿弥陀佛”及清朝年间两次修路的石刻、碑记。

现在有些偏乡僻壤仍离不开矮马，矮马是他们祖祖辈辈离不了的交通工具（图1-3）。近年来随着村村通工程，马的交通运输功能逐步被取代，但人与矮马的情感依然深厚。

2. 马与地名　德保县在唐代属冻州，州内就有专养果下马作为贡品用于州官给皇帝进献。因为这一传统的存在，在饲养、护理矮马较集中的地方，演变成以马命名的村屯。据统计，现存屯名与马有关的有：马贡、马牌、马肯、马心、马隘、马爱、马双、叫马、马道、马老、马英、马鞍、那马、马亮、马打、马衣、马郎、马宜、马蹄、马义、马学、马能、马昂上、马昂

图 1-2　驰行在古道上的商队

图 1-3　现代赶集的马队

下、马兰、马节上、马节下、骑马、堂马、马骑、马林外、马林内、马弄、天马等 30 多个。这些村屯都在县内出产矮马的东凌、巴头、敬德、都安、马隘等乡镇。

历代以来，村民们为土官养驯贡马、练战马。土官们招集村民在一个固定地点，赐予固定职业，久而久之，便形成一个村落。如今马隘镇的马贡村，即原饲养贡马的村子。该村辖 10 个屯，古时各屯都有养马役田，村内有一马牌屯，因辖区内选作进贡的马，集中挂牌号后在此驯养，进贡时再从这些挂牌马中选优而得名；还有马鞍、马道、马节、马衣、马郎等村屯，都是唐、宋时冻州州官驯养贡马的地方，养马的役民领取州官役田，定期向州官选送贡马及有关马的各类装备。马牌屯各户有关马的役田，到民国二十年（1931 年）尚存（见《德保县志》）。

3. 历史蹄迹　宋高宗赵构时，北方金兵南侵，赵构不能向北方购买战马。此时，战马只能依赖南疆出产的马种，并且矮马动作灵活、敏捷，很适应山区作战和运输。所以，宋代不得不在百粤道（图 1－4）东端的横山寨开辟马市，这不仅使冻州产的矮马能供军事之用，也使滇、黔的马能沿着百粤道南下横山寨马市。那时，德保县矮马处在鼎盛时期，达官贵人挽车、骑乘游乐的马，战场上骑士、通信兵的“千里马”，都出自矮马。为使马体态结实、勇猛善战，适合购者需求，当时州官们特意在接近横山寨马市的今德保县那甲镇开辟一处训练马的场地——马道，经常把各役户养的矮马集中到此，习练跑马射箭、跑马飞溪、跑马投标、驮物运送等项目。因有这一官辟的马道，附近逐渐形成一个居民点——马道屯，沿袭至今。

宋代时，横山寨马市极为繁荣，冻州州官允许役民外一般民众自由养殖矮马，除选作贡品外，可以自由到马市兑物。当时，冻州上市的矮马非常多，运送的马匹日夜不间断，这些马匹全都沿着百粤道进入横山寨马市。由于这条路长年负重走马，石板间（图 1－4）因此留下众多的矮马蹄印，有的蹄印竟深达 10 cm（图 1－5），至今可见。

图 1－4　百粤坡马道

德保矮马作为历代进贡皇帝的珍品，不但有永久性的村屯名，而且马的各项役田史书中有详细的记载。据清乾隆《镇安府志》载：“镇安未改流前，在

图 1-5　百粤坡马道上的马蹄坑印

土府赋役册内载，三年朝贡一次，额解马三匹，香炉盖碟一副、花瓶一副、蠲台一副、本色黄腊三十八斤、降香二十五斤。”“清乾隆二年八月钦奉恩旨，各土司贡马每匹减免银四两，自乾隆三年始，永著为例。水脚每两加银三分六厘”（图 1-6），说明清朝乾隆年间将进贡矮马折为银两进贡。

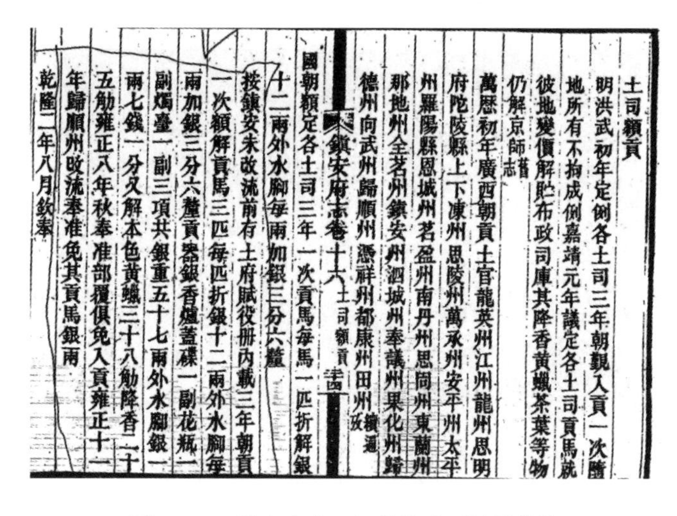

土司額貢
明洪武初年定例各土司三年朝覲入貢一次隨
地所有不拘成例嘉靖元年議定各土司貢馬就
彼地變價解貯布政司庫其降香黃蠟茶葉等物
仍解京師舊志
萬歷初年廣西朝貢土官龍英州江州龍州思明
府陀陵縣上下凍州思陵州萬承州安平州太平
州羅陽縣恩城州茗盈州南丹州思同州東蘭州
那地州全茗州鎮安州泗城州奉議州果化州歸
德州向武州歸順州憑祥州都康州田州
鎮安府志卷十六　土司額貢
國朝額定各土司三年一次貢馬每馬一匹折解銀
十二兩外水腳每兩加銀三分六釐
按鎮安未改流前有土府賦役册內載三年朝貢
一次額解貢馬三匹每匹折銀十二兩外水腳每
兩加銀三分六釐貢器銀香爐蓋碟一副花瓶一
副燭臺一副三項共銀重五十七兩外水腳銀一
兩七錢一分又解本色黃蠟三十八觔降香二十
五觔雍正八年秋奉准部覆俱免入貢雍正十一
年歸順州改流奉准免其貢馬銀兩
乾隆二年八月欽奉

图 1-6　《镇安府志》记载的进贡矮马价值

第三节 品种历史

一、品种来源

德保矮马是中国29个地方马品种之一，它是从百色马分化出来的一个新的马品种（2009年）。百色马是西南马类型中的主要品种之一。西南马由古羌人南迁时带入的羌马衍化而来，而羌马的祖先是北方马。因此，德保矮马起源于北方。

从矮马现象来看，矮马古代就有之，果下马是古代对矮马的另一称谓。矮马是散落在西南各产马区体格矮小的一部分马，德保县则是矮马较集中的产区之一。

1. 德保矮马的发现 20世纪70年代末80年代初，由农牧渔业部组织进行全国性的农业资源调查，畜禽品种资源的调查由中国农业科学院畜牧研究所领头，王铁权研究员负责马种资源的调查。1980年以后，随着调查的深入先后多次发现矮马。1980年4月，在四川盐源县一个公社内，发现体高104 cm的长身低体建昌马公马。1981年10月，在云南通海县发现体高102 cm的矮马母马，体型粗重，外形很好。1981年11月，在广西百色地区，在百色去那坡的公路旁集市上，发现一匹体高92.5 cm的母马（靖西县一公社社员所有），并考察了当地矮马。继而又在德保县发现86 cm高的成年栗毛母马。从1981年11月开始，之后6年时间进行了8次考察，考察目的在于：追溯马的历史来源，了解矮马分布及产地生态特征，确定矮马形态及其他特性，并确立106 cm为矮马标准体高上限。1983年德保县开始进行德保矮马保种工作，主要采取公有民养原则进行。至此，德保矮马资源正式进入政府管理体系。2009年经国家畜禽遗传资源委员会正式审定成为独立的遗传资源（品种），德保矮马正式确立为独立的马品种。

2. 中国马品种与德保矮马

（1）中国地方马品种 据2011年《中国畜禽遗传资源志·马驴驼志》记载，中国共有马品种42个，其中地方品种29个、培育品种13个（表1-1）。地方品种也称固有品种、原始品种，是历史自然形成的适应地方地理环境和风土驯化的品种，基本上没有外血导入或影响。培育品种是近百年来引入杂交改良所形成的品种。德保矮马是29个地方品种之一，这也是德保矮马首次进入品种志，成为一个独立的马品种。

表 1-1 我国 29 个地方马品种名录

序号	品种名称	又名、别名	产地与分布	数量/年份
1	蒙古马 Mongolian horse		主产于内蒙古自治区，中心产区在锡林郭勒盟，呼伦贝尔市、乌兰察布市、鄂尔多斯市、通辽市、兴安盟、赤峰市也较多。东北三省也是蒙古马的产区。我国华北和西北部分农村、牧区也有分布	86 662 匹/ 2006 年
2	阿巴嘎黑马 Abaga dark horse	僧僧黑马	主产于内蒙古自治区锡林郭勒盟阿巴嘎旗北部，中心产区在阿巴嘎旗的那仁宝力格苏木及其周边苏木	3 758 匹/ 2008 年
3	鄂伦春马 Erlunchun horse	鄂伦春猎马	产于大小兴安岭山区，内蒙古自治区鄂伦春自治旗托扎敏镇希日特奇猎民村和黑龙江省黑河市爱辉区新生鄂伦春族乡为中心产区	312 匹/ 2006 年
4	锡尼河马 Xinihe horse	布里亚特马	主产于内蒙古自治区呼伦贝尔市鄂温克族自治旗的锡尼河、伊敏河流域	5 860 匹/ 2008 年
5	晋江马 Jinjiang horse		中心产区位于福建省泉州市的晋江市，主要集中于晋江市龙湖、深沪、金井、英林、东石等镇。莆田市的秀屿区、城厢区、荔城区、涵江区、仙游县，泉州市的石狮市、南安市，厦门市的翔安区、同安区等福建东南沿海县区市均有分布	486 匹/ 2006 年
6	利川马 Lichuan horse		主产于湖北省西南山区，中心产区在利川市的文斗、黄泥塘、小河、元堡、汪营、南坪、柏杨坝、谋道等地，分布于云贵高原延伸部分的湖北省西南山区其他市县，包括恩施、建始、巴东、宣恩、咸丰、来凤、鹤峰、五峰、长阳、宜昌、秭归等市县，以及重庆市、湖南省与产区交界一带	1 532 匹/ 2005 年
7	百色马 Baise horse		主产于广西壮族自治区百色市的田林县、隆林县、西林县、靖西县、德保县、凌云县、乐业县和右江区等。分布于百色市所属的全部十二个县（区）及河池市的东兰县、巴马县、山县、天峨县、南丹县，崇左市的大新县、天等县，南宁市、柳州市等	20.15 万匹/ 2005 年

（续）

序号	品种名称	又名、别名	产地与分布	数量/年份
8	德保矮马 Debao pony	百色石山矮马	主产于广西壮族自治区德保县的马隘镇、那甲镇、巴头乡、敬德镇、东凌镇。德保县其他乡镇及毗邻的靖西、田阳、那坡等县也有分布	1 578 匹/ 2008 年
9	甘孜马 Ganzi horse	西康马、康马、麦洼马	主产于四川省甘孜藏族自治州的石渠、色达、白玉、德格、理塘、甘孜等县，广泛分布于甘孜全州其他各县。四川省阿坝藏族羌族自治州红原县也有分布	402 409 匹/ 2005 年
10	建昌马 Jianchang horse		主产于四川省凉山彝族自治州，其中盐源、木里、会东、昭觉、金阳、冕宁、普格、西昌、布拖、越西等县市为中心产区，州内其余各县以及雅安市汉源、石棉县，攀枝花市盐边、米易县等地也有分布	239 970 匹/ 2005 年
11	贵州马 Guizhou horse	黔马	主产于贵州省的西部和中部，其中以毕节、六盘水等贵州西部地区为集中产地。广泛分布于贵州省其他地区，其中以边远山区为多	82.5 万余匹/ 2005 年
12	大理马 Dali horse	滇马、越赕驹	主产于云南省西部横断山系东缘地区，中心产区为大理白族自治州的鹤庆县、剑川县、大理市，大理州境内的洱源、宾川、漾濞、巍山、云龙等市县山区也有分布	1.58 万匹/ 2008 年
13	腾冲马 Tengchong horse		产于云南省西部边陲的保山市腾冲县。中心产区在腾冲县北片明光乡的自治、麻栗、沙河，界头乡的大塘、西山、水箐、周家坡，滇滩镇的联族、云峰、西营，猴桥镇的轮马、胆扎、永兴等边远村寨	12 135 匹/ 2005 年
14	文山马 Wenshan horse		主产于云南省文山壮族苗族自治州，分布于全州八县，以富宁、麻栗坡、丘北、马关、广南县较多	6.76 万匹/ 2005 年
15	乌蒙马 Wumeng horse		主产于云南省昭通市的镇雄县、彝良县、永善县、昭阳区等全部 11 个县区，主要集中在云南、贵州两省接壤的乌蒙山系一带海拔 1 200～3 000 m 的山区，除此高度范围外，虽有分布，但数量相对较少	12.73 万匹/ 2005 年

（续）

序号	品种名称	又名、别名	产地与分布	数量/年份
16	永宁马 Yongning horse	永宁藏马	主产于云南省丽江市、迪庆藏族自治州等地，中心产区为云南省丽江市宁蒗县，永宁乡最多	4 520 匹/2005 年
17	云南矮马 Yunnan pony		中心产区为云南省哈尼族彝族自治州屏边苗族自治县的湾塘乡和白河乡，屏边县其他乡镇及毗邻的文山壮族苗族自治州麻栗坡、富宁和马关等县也有分布	1 520 匹/2009 年
18	中甸马 Zhongdian horse		主产于云南省迪庆藏族自治州香格里拉县（原中甸县）的建塘镇、小中甸镇、格咱乡、洁吉乡四地海拔 3 200 m 以上的高寒山区和坝区。在香格里拉县的东旺乡、三坝乡、五境乡，德钦县的升平镇、佛山乡、羊拉乡和维西傈僳族自治县等高寒山区均有零星分布	6 770 匹/2005 年
19	西藏马 Tibetan horse		主产于西藏自治区的东部和北部，以昌都、那曲和拉萨三个地区为最多。西部和南部较少，分布于自治区全境	41 万匹/2007 年
20	宁强马 Ningqiang horse		主产于陕西省西南部宁强县境内，中心产区在秦岭南坡嘉陵江流域的曾家河、巨亭、苍社、太阳岭、巩家河、燕子砭、安乐河、青木川等乡镇的狭长地带，在南郑县亦有少量分布	360 匹/2006 年
21	岔口驿马 Chakouyi horse		中心产区在甘肃省天祝藏族自治县的岔口驿、石门、打柴沟、松山、抓喜秀龙等乡镇，在永登、古浪、武威、山丹、肃南等县的部分地区也有少量分布	9 855 匹/2006 年
22	大通马 Datong horse	浩门马	分布于青藏高原东北部的祁连山南麓海北藏族自治州境内，环青海湖地区、湟水流域以及邻近甘肃地区也有分布，中心产区在大通河流域的门源、祁连两县	23 024 匹/2005 年
23	河曲马 Hequ horse	南番马	产于甘肃、四川、青海三省交界处的黄河第一弯曲部，中心产区为甘肃省甘南藏族自治州玛曲县、四川省阿坝藏族羌族自治州若尔盖县、阿坝县和青海省河南蒙古族自治县。甘肃的夏河、碌曲，四川的红原、松潘、壤塘，青海的久治、泽库、同仁、同德等县均有分布	13.0 万匹/2005 年

（续）

序号	品种名称	又名、别名	产地与分布	数量/年份
24	柴达木马 Chaidamu horse		主产于青海省柴达木盆地境内，中心产区在青海省柴达木盆地中东部的都兰县、乌兰县、德令哈市和格尔木市的沼泽地区，盆地西部也有少量分布	13 043 匹/2005 年
25	玉树马 Yushu horse	高原马、格吉马、格吉花马	分布在青海省玉树藏族自治州。中心产区在澜沧江支流——解曲、扎曲、子曲和通天河流域一带，包括杂多、囊谦、玉树和称多四县，治多和曲麻莱两县也有分布	3.51 万匹/2005 年
26	巴里坤马 Barkol horse		主产于新疆维吾尔自治区巴里坤哈萨克自治县各农牧乡场，在伊吾县和哈密市部分农牧乡场也有分布	5 800 匹/2006 年
27	哈萨克马 Kazakh horse		产于新疆维吾尔自治区天山北坡、准噶尔盆地以西和阿尔泰山脉西段一带，中心产区在伊犁哈萨克自治州各直属县市，塔城地区五县两市、塔额盆地、昌吉回族自治州、阿勒泰地区等也有分布	40 万匹/2007 年
28	柯尔克孜马 Kyrgyz horse		中心产区位于新疆维吾尔自治区克孜勒苏柯尔克孜自治州乌恰县乌鲁克恰提乡，克孜勒苏柯尔克孜自治州三县一市的广大牧区及周边地区均有分布	2.7 万匹/2008 年
29	焉耆马 Yanqi horse		主产于新疆维吾尔自治区巴音郭楞蒙古族自治州北部的和静县、和硕县、焉耆回族自治县和博湖县，其中以和静、和硕两县为中心产区。分布于产区附近地区	20 160 匹/2006 年

资料来源：2011 年《中国畜禽遗传资源志·马驴驼志》，《世界粮食与农业动物遗传资源状况》(2007)。

在德保矮马没有正式成为品种之前，属于“百色马”，百色马是西南马的主要品种之一。据 1986 年《中国马驴品种志》记载，百色马在产区不同生态条件和地理环境的影响下，按体格大小可分为两个类群。

①中型马　体格较大，平均体高，公马 117.7 cm，母马 115.3 cm。主要产于百色地区的田林、隆林、西林、凌云、乐业和河池地区的东兰、凤山、巴马等县（自治县）。

②小型马　俗称矮马。体格较小，平均体高，公马 110.0 cm，母马 108.7 cm，有体高低至 86 cm 的。主要产于百色地区的那坡、德保、靖西和云南省文山壮族苗族自治州所属各县。”因此，2011 年之前，德保矮马属于百色马中的“小型马”类群。

（2）中国马品种分类　中国马品种起源与分类是个复杂问题，很难科学细致划分，有以下两种学说：

1）五大系统说　按马品种的历史来源、生态环境及体尺类型等综合因素分为下列独立的五大类型（表 1－2）。

表 1－2　地方品种五大类型母马的体尺

类　型	体高（cm）	体长率（%）	胸围率（%）	管围率（%）
蒙古马	127.0	104.8	122.3	13.2
西南马	113.8	100.8	114.4	12.7
河曲马	136.4	104.3	124.3	13.2
哈萨克马	133.0	104.5	122.6	13.5
西藏马	120.9	105.7	119.5	13.1

①蒙古马类型　主要产于内蒙古自治区、东北和华北的大部及西北的一部分。蒙古国及前苏联东部地区也有蒙古马分布。由于蒙古马分布广，产地环境不同，有些地方局部导入其他马品种的血液，以致蒙古马内部明显分化为若干类群及品种。各蒙古马类群多见于内蒙古地区，它们仍保持着牧区马的固有性状，是有代表性的蒙古马。在我国西北有从蒙古马中分化出来而成为单独品种的马。蒙古马对不同气候和海拔都有较好的适应性，从原产地至东北农区、黄淮平原，西达西北高原，都能适应。蒙古马在五大类型中别具特点。

②西南马类型　西南马是我国西南山区的马种类型，原称川马，是我国地方马种中的小型马。分布在云贵高原及其延伸部分，包括云南、四川、贵州、广西四省、自治区及湖北省西部山区及陕西南部、福建省沿海。一般体高 114 cm 左右，体尺指数偏低，呈一种矮小轻细的体型。由于西南山区自然生态复杂，各民族就地选育马匹，使西南马内部已分化为多个品种和类群。德保矮马是西南马类型的代表。

③河曲马类型　河曲马是我国地方品种中体型较大较重的一个类型。主要分布在四川、甘肃、青海以及相毗邻的部分地区，数目约占我国原有马品种总

数的 2%。河曲马体型高大粗重，后躯发育良好，与其他马品种均不相同。

④哈萨克马类型　哈萨克马主要分布于新疆北部，以前曾被视为蒙古马系统的一支，其实它与蒙古马各有悠久的历史，与分布在哈萨克斯坦共和国的哈萨克马属同一类型。数目约占我国现有马匹总数的 10%。我国哈萨克马体型比较粗重，虽受蒙古马血统的影响，但仍保持哈萨克马的原有特点。新疆北部的阿勒泰马和南部的柯尔克孜马都属此类型。

⑤西藏马类型　西藏马简称“藏马”。古称“山后马”，指蜀边西部的马。近代所知的西康马、玉树马、果洛马等，其实就是藏马。这一马品种的分布不限于西藏自治区，青海省南部、四川省西部、云南省西北隅境内均有分布，即藏马随同藏族人口的迁移形成跨省区分布。因产地不同，历史上又有日喀则马、那曲马、昌都马、玉树马、果洛马、甘孜马、中甸马等名称，其实都是西藏马的不同类群。西藏马具有适应世界屋脊青藏高原生活的特点，在海拔 3 000 m 以上的地区仍能生存，仅次于牦牛。它与西南马分布地区互有交错，可能与西南马有血缘关系。以前曾将其列入西南马的范围，现列为独具特点的类型。

2）六大类型说　除种源和一般选种观念之外，各地区自然生态环境所决定的自然选择、社会经济生活需求与居民文化背景所制约的人为选育也是我国马地域分化的决定性因素。

①黄河上游型　从考古学证据、历史传说与记载、居民的文化背景来看，中原与阿尼玛卿山脉（又叫大积石山或玛积雪山）以东的黄河上游流域的固有马群属于同一类型。据考，唐代陇石监牧的马群是河曲马的重要血统来源，河曲马较好地保持了古代中原马的特征。这种类型，饲、牧兼宜，对中原与青藏高原东缘的自然环境均能良好适应，长于轻驾重乘。该地域也是牧马文化、驭马文化、战马文化的主要发祥地之一。秦兵马俑坑出土的马俑，反映了这种马类型的形态，这是迄今所知的当地马最早的形态。据考古学界研究，秦兵马俑坑出土的人、马俑与当时的人、马等大。河曲马是该类型的代表。

现属于这一类型的有河曲马、甘孜马、岔口驿马、大通马。

②蒙古高原型　蒙古高原四周自古以来是东北亚游牧民族文化荟萃之地，是史前家马和马文化以弥散方式传播到我国各地的主要通道。公元前 16 世纪以后，使用汉藏语系语言的北羌、林湖（澹林）、使用阿尔泰语系蒙古语族语

言的匈奴（淳维、猃狁、荤粥、董育）、斡亦拉（瓦剌、额鲁特、厄鲁特）、蒙古（萌古斯），使用阿尔泰语系突厥语族语言的突厥、柔然、回纥（回鹘）、铁勒（丁零、刺勒、高车）、鞑靼（达怛、达旦、达达、塔塔尔），使用阿尔泰语系满州-通古斯语族语言的鲜卑等20多个部族都曾在这片辽阔的草原上游牧、建政、进出迁徙、兴衰演替，各族人民在血统上、文化上水乳交融，创造了灿烂的游牧文明，数千年来，在草原生态背景和深厚文化底蕴的基础上形成了蒙古马系统的许多优秀品种。历经千百年的严寒、酷暑、“黑灾”“白灾”、暴风雪等恶劣自然环境的陶冶，这一类型的马高度适应蒙古高原的风土条件。其中，以乌珠穆沁马、百岔铁蹄马（已濒临灭绝）、乌审马为代表的主体类型，体格粗壮结实，蹄质坚硬，体高135 cm左右，富持久力。

现属于这一类型的有蒙古马、阿巴嘎黑马、巴里坤马、焉耆马。

③新疆型　天山南北草原在纪元前2世纪、公元6世纪、7世纪先后从蒙古草原徙入了匈奴、铁勒、突厥、回纥等游牧部落，原居帕米尔高原东北的柯尔克孜先民一度东据阿尔泰山东北麓广阔草原，使其马群和蒙古马类型有一定程度的血统交流。但这并未改变新疆马的分化格局。现代哈萨克马以乌孙马为血统基础，柯尔克孜马是公元前8世纪损毒、休循部落马群的后裔。

现属于这一类型的有哈萨克马、柯尔克孜马、柴达木马。

④东北型　现今内蒙古自治区兴安盟、通辽市、赤峰市、大兴安岭以东地区、呼伦贝尔市以及东北三省的史前居民肃慎（挹娄）原无养马习俗。公元前4世纪本来在兴安岭西南麓至现今滦河上游流域草原上游牧的“东胡”人迁徙到西拉沐伦河、老哈河流域从事游牧和狩猎业以后，当地土著才渐次发展了养马业。因此，东北区域是北方养马较晚的区域。肃慎（挹娄）和后来以夫余、沃沮为族称的东北土著居民和“东胡”人一样，均属阿尔泰语系满州-通古斯语族部族，自古擅长渔猎。后来他们在当地生态条件下造就了许多非常适合林中狩猎的良马，如东汉时代的“夫余名马”（《后汉书·东夷列传》）、隋唐时期的“室韦马”等，其类型特征一直保持到现代。今天的鄂伦春马殊为典型，分布在呼伦贝尔市鄂温克族自治旗的锡尼河马也含较高的该类型血统成分，其风貌在培育品种三河马中亦依稀可见。

现属于这一类型的有鄂伦春马、锡尼河马。

⑤青藏高原型　青藏高原腹地在史前由于远古居民的交往、迁徙经高原东缘、东南缘已流入了驯化马。在高寒地域生境下，经过吐蕃先民的数千年选

育，高原东部边缘的种群发生了显著分化。从古格王朝庙宇壁画、吐蕃时代的雕塑和唐卡表现的数不胜数的马形象来看，其体格矮小，体型粗短，耳长、耳壳厚，鼻孔大、鼻翼似乎有弹性，被毛长，鬃、鬣、尾距毛浓密，肢蹄健固。可能至晚在7世纪青藏高原的马已具备现代藏马的基本体型特征。

现属于这一类型的有西藏马、永宁马、玉树马。

⑥西南山地型　青藏高原东南边缘以东的川、云、贵、渝地区与广西壮族自治区河池、百色一带是我国另一个固有马类型的分布区域，以往习称西南山地马。就云南、四川两省而言，“滇马”“川马”之称也很流行。西南山地马体高110 cm上下，以矮小骏健著称。西南山地矮马类型之形成，远在有史时代之前。贵州省开阳县画马岩距今6000～4000年前的“人与马”岩画就出现了这种小型马形象。20世纪中期日本学者森为三、林田重幸等根据亚洲多处马的体量资料提出，中国西南山地是东亚地区矮马的发祥地。认为：“这种类型在绳文时代后、晚期至弥生时代，从华南沿海，顺着（北太平洋西部的）黑潮进入九州和南朝鲜。”日本的吐喀刺马、宫古马就是以之为血源形成的。日本绳文时代相当于公元前七八千年之后的数千年，弥生时代约为公元前3世纪之后的六百年期间。目前朝鲜半岛只有少量中型马。但从公元前6至前2世纪，半岛上确有和中型马并存的“果下马”。《后汉书·东夷列传》记载：“濊，北与高句骊、沃沮，南与辰韩接，东穷大海，西至乐浪。……本皆朝鲜之地也。……又多文豹，出果下马。”播迁证据说明，西南山地小型马的出现早在殷商以前。

现属于这一类型的马较多，包括德保矮马、建昌马、利川马、宁强马、文山马、乌蒙马、云南矮马、大理马、百色马、贵州马、中甸马。

六个类型分化的历史线索，反映了中国现代固有马基本类型的沿革。除历史上曾有过的中原马之外，这六个基本类别存在至今。

从中国马分类的两种学说看，德保矮马都属于西南马类型。

（3）固有品种亲缘系统　以35个形态、生态指标对27个典型的固有马群体的聚类分析表明，这27个群体中除三河马是包含我国清代索伦旗良马大比例血统并在固有良马产地生态环境中形成的“培育品种”之外，均为固有遗传资源。35个形态、生态指标中既有体重、产区标高等计量指标，又有毛色、白章、肢蹄特征等计数指标。取累计贡献率达86.56%的前8位主成分的聚类分析结果如图1-7所示。

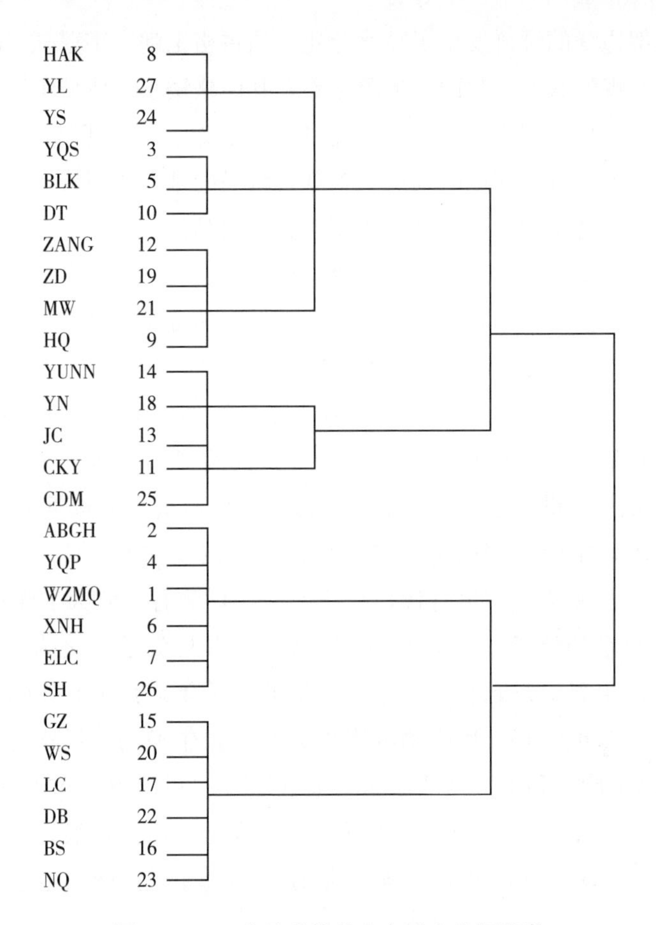

图 1－7　27 个马群体的生态形态指标聚类

注：1. ABGH，阿巴嘎黑马；BLK，巴里坤马；BS，百色马；CDM，柴达木马；CKY，岔口驿马；DB，德保矮马；DT，大通马；ELC，鄂伦春马；GZ，贵州马；HAK，哈萨克马；HQ，河曲马；JC，建昌马；LC，利川马；MW，麦洼马；NQ，宁强马；SH，三河马；WS，文山马；WZMQ，乌珠穆沁马；XNH，锡尼河马；YL，伊犁马；YN，永宁马；YQP，焉耆马（盆地型）；YQS，焉耆马（山地型）；YS，玉树马；YUNN，云南马；ZANG，藏马；ZD，中甸马。

2. 由于历史原因，28 个固有遗传资源中的一部分分布在属类地域之外。

从图 1－7 可见，不包含种群起源历史思路的数量化分析结果与前述“六大类型”分类综合分析结果基本平行。

3. 德保矮马与西南马　德保矮马不论从五大类型学说还是从六大类型学说，都属于西南马类型，这不仅因产区地域上是西南的分区之一，更主要的是有着共同的来源和相似的外貌特征。因此，西南马的来源也是德保矮马起源的主要依据。

（1）西南马的形成　西南马是我国同类型马品种最多的，包括青藏高原东南边缘以东的川、云、贵、渝地区与广西壮族自治区中 10 多个品种，体型小、山地型是主要特点，有着共同的血统来源。

西南马的最早发现约在 3000 年前。据考古发掘，春秋时期，西南地区还处于青铜、石器并用时期，云南西北剑川县西湖遗址中，发现了距今 3100 年的家马骨骼。距今 2900 年的滇西北、川西北的石板墓中发现了大量的铜马饰，这与同时期甘肃、青海地区卡约文化遗址中的出土相同，都属于马头的装饰品，这表明马进入西南不久即进入了役用阶段。《汉书》对西南养马记载最早，其中《汉书·西南夷·两粤·朝鲜传》记有："及汉兴，巴蜀民或窃出商贾，取其筰马，棘僮、旄牛，从此巴蜀殷富。"西汉巴蜀商人贩卖筰马而殷富，表明筰马的数量一定不少。

公元 16—17 世纪的"安顺画马崖岩画"，是画在贵州安顺西秀区双堡镇金坝园艺场的一座岩壁上（图 1－8）。内容是一匹赭红色马，头在右边。马鬃、马尾、四蹄均为黑色。头至尾的长度约 0.5 m、高 0.2 m，四足作行走姿态、昂首嘶鸣之状。画马图案的正上方有"青山□水"四字（注："□"为不明显字），左方有"徐氏住城"四字。另有万历年间的不明显字迹，其画在 1573—1620 年所绘。说明马与人们的生产生活息息相关。

图 1－8　安顺金坝画马崖岩画·奔马和题字

自然选择也是西南马形成的主要因素。西南马的窄胸和刀状肢势及体躯矮小，都是自然选择的结果。窄胸和刀状肢势，有利于在山坡吃草时，站立平稳。身体矮小有利于在崎岖山路上拐弯，也有利于单位体重的散热。在当地环境因素长期作用下，逐步淘汰了不适应的个体，留下了适应的个体定向向适应新环境的方向发展。

人工选择加快了西南马的形成过程。西南地区的先民非常重视幼驹的培育。《新唐书·南蛮列传》记载，为了弥补初生幼驹羸弱的体质，补饲长达3年。幼驹出生3个月，就选择良驹调教，以适应山地环境。居住在洱海的白族先民改变游牧的习俗进行了舍饲，使马的生长发育、选种选配受到人为的控制，所产大理马成为西南马系统中的优良品种。

现在的西南马无论在外形和性能上，与甘肃、青海地区的西北马相比较，都发生了质的变化，产生了遗传适应，即决定种群特性和性能的基因频率和基因型频率发生了变化，并一代代遗传下去，形成了新的种群，形成了独具特色的西南马。

(2) 西南马随古羌人南迁而来　古羌人是我国古代西部河湟地区影响较大的一个民族，相传与夏、周两族有着族缘关系，在六七千年前开始向四面发展，其中有一支向西南方向游弋，即顺青藏高原东麓的三江（澜沧江、怒江、金沙江）地区的河谷南下，至西南各地。到3 000多年前，这支向西南游弋的古羌人以民族部落为单位，在祖国的西南地区形成“六夷”“七羌”“九氐”，即史书中常出现的所谓“越嶲夷”“青羌”“侮”“昆明”“劳浸”“靡莫”等部族。西汉以前称之为崔人、昆明人、笮人和冉马龙的部族都是顺该通道南下的古氐羌人的后裔。古羌人南下对西南地区各民族的形成和历史、文化发展均产生了巨大的影响。古羌马也随着古羌人来到了西南各地。

史有记载在公元前384年有古羌人南迁，据《后汉书·西羌传》载，秦献公刚继位，羌人首领印，为避秦伐，率同族经上述“走廊”，西（南）下数千里，子孙分三支，各自为种。一支在西昌东越崔羌，称“牦牛种”；一支在川西北广汉羌，称“白马种”；一支在甘肃东南武都郡，称“参狼种”，各有部落名号，现三地均为产马地区。这次古羌人南迁，不应看成始于此时，从考古可知，从新石器时代起就有古羌人南迁，此次记载，只是证明“走廊”的存在和古羌马在西南地区分布之广泛。

无论是考古发掘和还是史书记载均表明，西南家马最早出现在靠近西北的地区，这也说明，西南马来自西北地区，由古羌人南下带来。

4. 德保矮马起源于北方

（1）云南野马及灭绝　历史上西南地区曾有云南野马存在，但不是德保矮马的祖先。

在古生物学界，云南野马一直作为第四纪早期（100 万年前）的代表动物，云南野马是原始的真马，体躯中等到小型。由于具有一些野驴的性质，裴文中先生认为云南野马“是比较稀少的一种似驴似马的马类”。云南野马化石在早更新世出土的量大，而且分布范围广。云南中甸民西乡、广西柳城巨猿洞、云南昭通后海子、湖北建始县高坪、陕西汉水上游、鄂西清江地区的洞穴中都发掘有云南野马化石。

从第四纪起，由于欧亚板块的相互作用，剧烈的造山运动使喜马拉雅山逐渐上升，形成了我国西部的高山和高原。至晚更新世时，地壳运动加剧，地势继续上隆，形成了众多陡峭的高山和深切的河谷，阻断了由北而来的寒冷气候和冰川影响，在南方形成了热带亚热带湿润的山地和森林生态环境，这一时期华南（西南）最普遍的动物群，主要为林栖动物，也有一些沼泽、水边生活的动物，生态条件都不利于喜干冷环境的草原动物——马的生存和繁衍。李炎贤先生在分析贵州黔西观音洞动物群中仅有的一枚左上第一前臼齿的马牙化石时，也同样认为这同缺乏广阔的草原有关。在林间平地和草坡上生活，不易取得食物、有效避敌和大量繁殖。物竞天择，致使野马逐渐衰落而灭绝。从早更新世到晚更新世，野马分布范围逐步缩小，数量也明显减少，出现了不适应生态环境条件的迹象。张兴永先生根据华南晚更新世动物化石出土地点多、数量大，但仅有几枚马牙化石而无马化石认为，在 11.5 万年前，野生马种在本区内可能已灭绝或北迁。

（2）德保矮马起源于北方　德保矮马起源于北方，是基于家马起源于北方理论为基础的。

在中更新世以后，南方的生态条件就不适合马的生存和进化，使野马渐趋灭绝。而北方则相反，气候向干燥、凉爽的方向变化，森林减少，地势起伏不大，有广阔的草原，形成了有利于马生存的生态环境，使野马得以继续进化。从发现的早更新世的三门马（以河北阳原泥河湾动物群为代表）、中更新世的三门马（周口店动物群和大荔动物群为代表）、晚更新世的普氏野马（以内蒙古红柳河萨拉乌苏动物群为代表）得知，它们分布在东北、华北、西北的广大地区，存在时间很长。同期还发现了似乎属于过渡型的、数量不多的山西平陆的黄河马（*Equus huanghoensis*）及大连马（*Equus dlianensis*）。在天山西端，以中亚吉尔吉斯斯坦为中心，在西到西欧，南到高加索，东及我国新疆、内蒙古及蒙古国的广大区域，一直分布着鞑靼野马及它们的祖先。上述普氏野马和鞑靼野马两种野马资源在我国北方广大地区重叠、交错分布，是我国先民早期驯化马的丰富资源，因之成为世界家马起源中心之一。这些条件，西南马产区不曾具备。

据以上论述，可以绘出德保矮马的来源演化路线（图 1－9）。

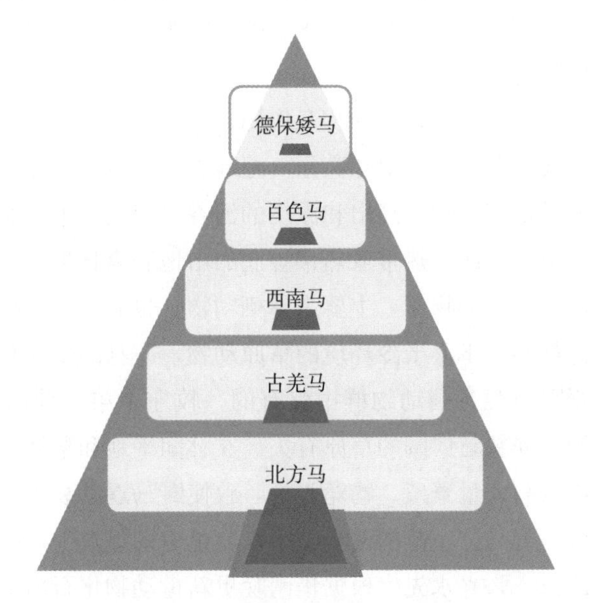

图 1－9　德保矮马来源演化示意图

二、德保矮马与果下马

果下马是一个历史现象，是一个文化现象，它是马群体中的一个类型，但不是一个品种概念。从历史范畴来讲，德保矮马属于果下马范畴。

1. 果下马历史

（1）史书记载　从汉代就有了果下马的记载，至今有 2 100 多年的历史。

《后汉书·东夷列传》记载："乐浪檀弓出其地。又多文豹，有果下马，海出班鱼，使来皆献之。"这是最早记载附属国向汉朝进献果下马的历史，说明果下马在此之前就有了。

《颜氏家训·涉务篇》（颜之推，531—591）中说："梁世士大夫，皆尚褒衣博带，大冠高履，出则车舆，入则扶侍，郊郭之内，无乘马者。周弘正为宣城王所爱，给一果下马，常服御之，举朝以为放达。至乃尚书郎乘马，则纠劾之。及侯景之乱，肤脆骨柔，不堪行步，体羸气弱，不耐寒暑，坐死仓猝者，往往而然。建康令王复性既儒雅，未尝乘骑，见马嘶歕陆梁，莫不震慑，乃谓人曰：'正是虎，何故名为马乎？'其风俗至此。"

《新唐书·志第十三上·仪卫上》记载："次羊车，驾果下马一，小史十四人。"

《新唐书·列传第一百四十五东夷》记载：高丽国"玄宗开元中，数入朝，献果下马"的文字。

《宋史·志第九十八·仪卫三》国初卤簿记载："后汉刘熙《释名》曰：骡车、羊车，各以所驾名之也。隋《礼仪志》曰：汉氏或以人牵，或驾果下马。此乃汉代已有，晋武偶取乘于后宫，非特为掖庭制也。况历代载于《舆服志》，自唐至今，著之礼令，宜且仍旧。"

《岭南代答·禽兽门二〇九》（南宋周去非，1134—1189）："果下马，土产小驷也，以出德庆之泷水（今广东罗定）者为最。高不逾三尺，骏者有两脊骨，故又号双脊马。健而善行，又能卒苦，泷水人多孳牧。岁七月十五日，则尽出其所蓄，会江上驰骋角逐，买者悉来聚观。会毕，即议价交易。它日则难得矣。湖南邵阳、营道等处，亦出一种低马，短项如猪，驽钝，不及泷水，兼亦稀有双脊者。"

（2）考古实证　西汉中山国，原为汉高祖刘邦管辖下的一个郡，公元前154年刘胜在此立国，被封为中山王，死于公元前113年。葬于河北满城汉墓，《满城汉墓发掘报告》记载："中山王墓与皇后墓之间有通道相连，墓中有若干耳室，果下马骨及小马车，即发现于耳室之中。""4号马车的车器，马饰均较小巧，并多数以鎏金为饰，保存较为完整，结构较为清晰的车厢底部遗迹宽90 cm、长55 cm。这些说明它应是小车，墓室中有殉葬马2匹，或许是这个车的双马。由此种种推测，这辆马车可能是当时封建贵族妇女驾游宫中取乐的'小马车'，驾车的小马或即所谓'果下马'。"在3号马车四匹大马的凌乱骨架中，发现有小马牙床一副，推测它是4号马车的驭马（果下马）。

2100年前的果下马矮马游乐仅局限于宫廷，而今日已普及到普通人之中。这说明，生产发展、经济繁荣，将促进矮马游乐业的发展。

2. 果下马文化

（1）国家礼仪与果下马　果下马之所以被人重视，一个重要原因是在历史上国家礼仪制度离不开果下马，它与羊车密不可分。

《隋书·卷一十·志第五·礼仪五》记载："羊车一名辇，其上如轺，小儿衣青布袴褶，五辫髻，数人引之。时名羊车小史。汉氏或以人牵，或驾果下马。"说明羊车不是一般的车，是皇家马车之一，用果下马驾。

辇，新华字典解释"秦汉后特指君后所乘的车"，如辇辂（皇帝的车驾）、辇毂（皇帝坐的车子）、辇舆（车子）、辇道（帝王车驾所经的道路）、辇路（天子御驾所经的道路）、辇乘（指帝王与后妃专用的车乘）、辇御（皇帝的车舆）。中国是礼仪之邦，在重大节日、祭祀、外交等礼仪上马辇车队出现时，羊车是必不可少的，羊车有瑞祥之意。汉代以前主要用羊，汉以后用人牵或用果下马，至此，果下马登上大雅之堂。在中国数千年历史文化中，皇室用车或皇帝用车、国家礼仪（马）车队，从未间断，羊车也总是行列其中。

《新唐书·志第三十八·百官三·太仆寺》记载："乘黄署：令一人，从七品下；丞一人，从八品下。掌供车路及驯驭之法。凡有事，前期四十日，率驾士调习，尚乘随路色供马；前期二十日，调习于内侍省。有府一人，史二人，驾士一百四十人，羊车小史十四人，掌固六人。"

《宋史·志第一百二·舆服一》记载："羊车，古辇车也，亦为画轮车，驾以牛。隋驾以果下马，今亦驾以二小马。赤质，两壁画龟文、金凤翅，绯幰衣、络带、门帘皆绣瑞羊。童子十八人。"

《辽史·第五十五·志第二十四·仪卫志一》汉舆记载："羊车，古辇车。赤质，两壁龟文、凤翅，绯，络带、门帘皆绣瑞羊，画轮。驾以牛，隋易果下马。童子十八人，服绣。瑞羊挽之。"

《明史·卷六十五·志第四十一·舆服一》记载："小马辇，视大马辇高广皆减一尺，辕长一丈九尺有奇，馀同大马辇。辇亭高五尺五寸有奇，红髹四柱，长五尺四寸有奇。槛座红髹，四周条环板，前左右有门，高五尺，广二尺二寸有奇。门旁槅各二及明栿，后屏风壁板，俱红髹，用抹金铜鈒花叶片装钉。亭底红髹，上施红花毯、红锦褥席。外用红帘四扇，驾以四马。馀同大马辇。"

可以看出，在国家礼仪规定上，从羊车排序、驭手等级、用马数量以及羊车装饰都有非常明确的规定。历代都有管理小马的官方机构，可以看出果下马在社会中的地位。

《金史·志第三十七·百官二》记载：“泰和四年设尚厩局。提点，正五品。使，从五品。副使，从六品。掌御马调习牧养，以奉其事。大定二十九年添副使一员，管小马群。”从六品，相当于现在的副厅局级官员。

《旧五代史·梁书·卷三（梁书）·太祖纪三》记载：“五月，改御食使为司膳使，小马坊使为天骥使。”

《周书·卷一百四十九·志十一》记载：“长兴元年，分飞龙院为左右院，以小马坊为右飞龙院。”

（2）贡品、赠品　外交是一个国家在国际关系方面的重要活动。果下马珍贵，在对外交往中也就少不了，特别是在国家强盛时期往来更多。

《三国志·乌丸鲜卑东夷传》记载：“乐浪檀弓出其地。其海出班鱼皮，土地饶文豹，又出果下马，汉桓时献之。”与后汉书记载是一件事，只是更详细地记载了进献时间为汉桓帝（刘志，132—168年）时。

《新唐书·列传第一百四十五·东夷》记载：“武德四年，王扶馀璋始遣使献果下马，自是数朝贡。高祖册为带方郡王、百济王。”

作为御用之品，果下马及羊车也是皇室赏赐下属的奖品之一。

《魏书·列传第五十五·崔光》记载：“其月，敕赐羊车一乘。”

《旧唐书·列传第三十二》许敬宗李义府少子湛记载：“乾封初，以敬宗年老，不能行步，特令与司空李勣，每朝日各乘小马入禁门至内省。”

果下马如此贵重，就会有抢着要的。据：

《北史·尉景》记载：“先是，景有果下马，文襄（521—549年）求之，景不与，曰：‘土相扶为墙，人相扶为王。一马亦不得畜而索也?’神武对景及常山君责文襄而杖之。常山君泣救之，景曰：‘小儿惯去，放使作心腹，何须干啼湿哭，不听打邪?’寻授青州刺史，操行颇改，百姓安之。”

（3）娱乐　果下马小而精致，又通人性，既是伴侣又是宠物，娱乐也是其独有功能，最早仅限于宫廷和贵族。

《晋书·列传第十三》王戎传记载：“间乘小马，从便门而出游，见者不知其三公也。”

《晋书·列传第二十三》愍怀太子（子臧尚）记载：“爱埤车小马，令左右驰骑，断其鞅勒，使堕地为乐。”

《宋史·列传第十》符彦卿传记载："彦卿酷好鹰犬，吏卒有过，求名鹰犬以献，虽盛怒必贳之。性不饮酒，颇谦恭下士，对宾客终日谈笑，不及世务，不伐战功。居洛阳七八年，每春月，乘小驷从家僮一二游僧寺名园，优游自适。"

3. 果下马分布　果下马的分布是一个自然现象，服从数学上的正态分布。

（1）正态分布与果下马　正态分布是一种很重要的连续型随机变量的概率分布。生物现象中有许多变量服从或近似服从正态分布，如家畜的体长、体重、产奶量、产毛量、血红蛋白含量、血糖含量等许多统计分析方法都是以正态分布为基础的。

德保矮马原是百色马的一个类型，体高分布属于正态分布，如果按照2010年梁云斌《百色马种调查》结果分析，百色马（母马）平均体高为109.73 cm，标准差σ为5.40 cm，则体高在一个标准差范围之内的马匹，即（109.73 cm±5.40 cm范围内）的马匹应该占总数的68.27%。在2.58σ范围内的马匹，即低于95.80 cm和高于123.66 cm的马匹不会超过1%；果下马按照汉代标准不过三尺（汉代一尺约为23 cm，则三尺约为69 cm，其数量应该在0.1%以下。

（2）果下马历史产区　我们把历史上出产果下马、小马、小驷的地方罗列出来，可发现果下马分布于一个很广泛的区域，这也证实果下马分布属于正态分布中偏离平均数偏远的分布现象。目前所查资料中有十多处果下马产区。

①汉《后汉书·东夷传》记载：濊"有果下马"。秦汉之际，濊在辽东建国，称作濊王国。

②晋《魏都赋》记载："汉厩有乐浪所献果下马，高三尺，以驾辇车"。乐浪（公元前108—前313年），是西汉汉武帝于公元前108年平定卫氏朝鲜后在今朝鲜半岛设置的汉四郡之一，当时直辖管理朝鲜北部。

③三国《上牛表》记载："不见果下之乘，不别龙马之大。"

④唐《资暇记》记载："成都府出小驷，以其便于难路。"

⑤《新唐书·列传第一百四十六上·西域上》记载："吐谷浑居甘松山之阳，洮水之西，南抵白兰，地数千里""地多寒，宜麦、菽、粟、芜菁，出小马、犛牛、铜、铁、丹砂。"

吐谷（yù）浑（公元313—663年），亦称吐浑，中国古代西北民族及其所建国名，是西晋至唐朝时期位于祁连山脉和黄河上游谷地的一个古代国家。

⑥《旧唐书·列传第一百四十九·东夷》百济传记载："武德四年，其王

扶余璋遣使来献果下马。”百济是扶余人（公元前3世纪）南下在朝鲜半岛西南部（现在的韩国）建立的国家。

⑦宋《岭外代答》记载：“果下马土产小驷也，出德庆之龙水者为最，高不过三尺，骏者有两脊骨，又号双脊马，健而喜行。”德庆县隶属于广东省肇庆市，是一个有2100多年历史的岭南古郡。

⑧清《广东新语》记载：“罗定产小马，仅高三尺，可跨行果下，马故名果下，一名果骝。”罗定为广东省辖县级市，由云浮市代管。古称泷州，又名龙乡。

⑨清《滇海虞衡志》记载：“果下马，滇亦有之，然不多，但供小儿骑戏，故不畜之也。”

⑩清《奇异记》记载：“汉乐浪出果下马，高三尺。”

⑪民国《海南岛志》记载：“马以儋崖昌成为多，用以代步，行走迟缓，有用以拖车者，皆矮小，寻常每匹约值二三十元。”

其他也有范围较大的产区，如《宋史·志第一百五十一·兵十二马政》记载：“岭南自产小驷，匹直十余千，与淮、湖所出无异。”岭南，是我国南方五岭以南地区的概称，以五岭为界与内陆相隔。五岭由越城岭、都庞岭、萌渚岭、骑田岭、大庾岭五座山组成，大体分布在广西东部至广东东部和湖南、江西四省边界处。

（3）现代矮马分布　按照王铁权1980年描述“矮马，原产于西南亚热带山地，分布较广”。同当地另一种马——中型马混合分布，矮马并没有独有的生态分布区。蒙古马分布于秦岭以北，矮马分布于秦岭以南（表1-3）。

表1-3　矮马主要分布区

省（自治区）	县（市）
陕西	宁强
四川	盐源、金阳
云南	广南、文山、富宁
贵州	兴义、册亨
广西	德保、靖西、那坡、田阳

4. 小结　经历史、文化、分布和实地考查，德保矮马与果下马的关系和概念如下：

德保矮马是一个品种概念，是我国 29 个地方马品种之一。德保矮马产于果下马历史产区，也是矮马文化发祥地之一，但德保矮马不完全等同于果下马。德保矮马中的矮小型是符合果下马特征的自然历史现象。德保矮马还需要经过保护开发利用，特别是如何对其进行矮化保护还需要进行更深入细致的研究，需要做大量的工作。

第二章
德保矮马特征与性能

第一节　体型外貌

一、体型外貌特征

德保矮马体型矮小、清秀，结构协调，体质紧凑结实。头长而清秀，额宽适中，鼻梁平直，鼻翼开张灵活，眼大而圆，耳中等大、少数偏大或偏小、直立。颈长短适中，个别公马微呈鹤颈，头颈、颈肩结合良好。鬐甲低平，长短、宽窄适中。胸宽而深，腹部圆大，有部分草腹。背腰平直，腰尻结合良好，尻稍短、略斜。前肢肢势端正，后肢多呈刀状，部分马略呈后踏肢势。关节结实强大，部分马为卧系或立系，距毛较多，蹄质坚实。鬃、鬣、尾毛浓密。少部分马较为粗重。

据对德保县856匹矮马毛色的统计，骝毛470匹，占总数的54.91%；青毛135匹，占总数的15.77%；栗毛128匹，占总数的14.95%；黑毛58匹，占总数的6.78%；兔褐毛28匹，占总数的3.27%；花毛16匹，占总数的1.87%；沙毛15匹，占总数的2.45%。少量马的头部和四肢下部有白章。

二、体尺、体重和体尺指数

2004年10月在德保县马隘、巴头、东凌、朴圩、敬德等乡镇，对39匹成年公马和123匹成年母马的体尺、体重进行了测定，结果见表2-1。

表 2-1　成年德保矮马体尺、体重和体尺指数

性别	匹数	体高（cm）	体长（cm）	体长指数（%）	胸围（cm）	胸围指数（%）	管围（cm）	管围指数（%）	体重（kg）
公	39	97.42±3.76	98.42±6.07	101.03	107.97±7.67	110.83	11.94±0.80	12.26	106.23
母	123	98.35±4.55	100.02±7.29	101.70	109.71±8.31	111.55	11.76±0.91	11.96	111.47

第二节　生物学习性

一、生物学特性

德保矮马是在石山地区的特殊地理环境下形成的遗传性能稳定的一个品种。对当地石山条件适应性良好，在粗放的饲养条件下，能正常用于驮物、骑乘、拉车、农耕等，繁殖、生长不受影响。抗逆性强，无特异性疾病。长期以来在各种不良环境条件下驮、役，形成体型结构紧凑结实、行动方便灵活、步伐稳健、性情温驯、易于调教、耐粗饲、饲养成本低、繁殖力强等特性。德保矮马与其他马品种在体高、体型、性能、性格、适应性、类型、种质诸方面存在差异，具有独特的品种性。

德保矮马小巧玲珑、外表呆萌可爱、聪明机灵、温驯乖巧，在山路上能敏捷稳健行走，既可当坐骑，又能拉车和负重，是山区人民的重要交通运输工具，也是动物园中的观赏动物，具有极高的观赏、游乐、儿童骑乘、竞技等特性，因稀少而珍贵被誉为“马中熊猫”。

德保矮马对于不同气候条件适应性良好。由于它生长在亚热带山地，分布在北回归线上，矮小体躯利于散热，适应炎热气候。还由于其分布多处于较高海拔的山区，比低地气候更为冷凉，具有耐寒冷的生物学特性，很少生病。

德保矮马的竞争和争斗性非常强，特别是公马，经常会发生争斗。记忆力和模仿力很强，即使走得远，仍然能找回原地。利用这个特性，马主可以不用跟着也能让矮马自行驮东西回家。

二、类型

德保矮马内部自然类型较多，品种整齐度较差，从外貌上可见四毛浓密、

短颈、小口、快速等类型。根据目前德保矮马普查情况，结合未来选育方向和市场需要，将德保矮马分为标准型、迷你型和运动型三个类型。

1. 总体要求

（1）体质　要求结实干燥，性情温驯，悍威上等，气质良好。体型结构匀称、紧凑、修长。头大小适中，多呈直头，眼中等大以上。颈清秀、颈肩结合良好。前胸宽，胸廓深长，腹形正常。腰较短，腰尻结合良好，尻较宽，多呈正尻稍斜。四肢坚实、干燥，关节和肌腱发育良好。前肢端正，后肢适度曲飞，系长短适中，蹄形正常。步样正直，轻快而流畅。

（2）毛色　骝毛为主，栗毛和黑毛次之，鼓励花毛、银鬃等特殊毛色基因群体规模的扩大。

2. 各类型要求

（1）标准型　符合德保矮马品种标准。

（2）迷你型　生理指标符合正常水平，体型优美，具有观赏性，未出现因矮化而出现的生活力过度减弱、身体畸形、智力下降等不良状况。

（3）运动型　在背负体重不超过50 kg少年儿童骑手的情况下易受衔，能服从骑手的初级扶助，正确自如地进行慢步、快步和跑步，可进行每局10 min的马球比赛，能够胜任穿桩、绕桶等比赛或表演，比赛或表演后半小时内各项生理指标恢复正常。

三、性格

德保矮马的性格温驯近人，不像蒙古马处于群牧状态野性极强，而是生活在人们中间，养在住人的房子里。从小受儿童喜爱，2岁时便开始供孩子骑乘，妇女、儿童都可以随便牵走。如果牵马人未带绳子，用一根藤条绕在矮马颈部即可牵走，甚至徒手牵马鬃也可以。养在游乐场的矮马，每天供人骑乘或拉车，即使不用人驾车、牵引矮马自己也能按一定道路行进。因此，德保矮马可接受训练进行各种特殊的表演。

第三节　生产性能

一、生产性能

德保矮马善于爬山涉水，动作轻便灵活，步伐稳健，在崎岖狭小的山路上载人或驮运货物可靠安全，常作为山区的骑乘、驮载工具，深受农户喜爱。德保矮马骑乘、驮载、拉车等性能良好。

以体重为例，矮马单位体重役用效率高于大马。矮马可驮其体重2/3或与体重相等的货物，而大马的驮重能力只相当于体重的1/3。100 cm高的德保矮马，短时间内能承担体重100 kg人的骑乘。一匹矮马可以拉载重500 kg的木制小车，并在山地行走。但矮马跑行速度及持久力不如大马。乘骑或驮运一天可走行30～40 km。

饲养的母马主要是以繁殖为主，公马（或骟马）以乘骑驮运为主。母马空怀或妊娠初期同样参加劳役，但妊娠后期一般减少或停止使役。

正常挽力为体重的3倍，驮载为体重的2/5，挽曳和驮载每小时4.5～5.5 km，乘骑常步每小时6～7 km。

二、繁殖性能

德保矮马一般10月龄开始发情。发情季节为2～6月，多集中在2～4月。发情周期平均为22 d（19～32 d）。初配年龄为2.5～3岁，初产期为3～4岁。妊娠期为（331.74±4.58）d。终生可产驹8～10匹，繁殖年限约14岁，最长达25岁。年平均受胎率为84.04%。幼驹育成率为94.76%。在自然交配情况下，公马配种受胎率为70%～80%，母马产驹三年两胎或两年一胎。

三、生长性能

幼驹随母马哺乳，1～2月龄幼驹因体重较小，母马乳可基本满足其生长发育的需要，且生长较快。从3月龄开始吃母乳加饲料饲草进行过渡，6月龄后人工强行隔离断奶。随后生长强度逐渐降低。幼驹早期补料对生长发育有关键作用。

对德保县保种区内的210匹马3个生长年龄段进行了实地体尺测量，并按以下公式进行体尺指数和体重计算，其结果见表2-2。

体长指数：体长指数=(体长/体高)×100%

胸围指数：胸围指数=(胸围/体高)×100%

管围指数：管围指数=(管围/体高)×100%

体重估重：体重=胸围^2×体长/10 800

表 2-2 德保矮马 3 个年龄段体尺、体尺指数及估重

性别	阶段	统计匹数	体尺（cm）				体尺指数（%）			估重（kg）
			体高	体长	胸围	管围	体长指数	胸围指数	管围指数	
公	1 岁以内	6	69.67±13.34	67.33±13.97	72.83±11.11	8.17±1.47	98.01±20.87	105.75±12.51	11.99±2.88	35.38±18.17
	1～2 岁	14	96.21±5.71	94.93±6.79	101.86±6.49	11.61±1.00	98.67±4.01	105.91±4.22	12.07±0.89	92.10±16.95
	3 岁以上	39	97.42±3.76	98.42±6.07	107.97±7.67	11.94±0.80	101.01±4.52	110.78±5.86	12.25±0.74	107.43±19.88
母	1 岁以内	4	77.00±12.25	69.25±15.00	78.75±17.35	9.38±1.49	89.36±6.97	101.59±8.52	12.18±0.48	44.03±26.02
	1～2 岁	7	93.86±6.96	90.71±9.88	99.00±12.22	11.14±1.68	96.46±4.04	105.26±7.42	11.82±1.00	85.15±29.63
	2～3 岁	17	91.59±2.90	88.65±5.71	95.71±6.23	10.94±0.75	96.74±4.23	104.45±5.03	11.95±0.70	75.68±12.60
	3 岁以上	123	98.35±4.55	100.02±7.29	109.71±8.31	11.76±0.91	101.66±5.10	111.50±5.68	11.96±0.72	113.07±23.84

测量表明（表 2-2），3 岁以上成年公马其体长指数、胸围指数、管围指数和体重分别为 101.01%±4.52%、110.78%±5.86%、12.25%±0.74%和(107.43±19.88) kg；成年母马的体长指数、胸围指数、管围指数和体重分别为 101.661% ± 5.101%、111.501% ± 5.681%、11.961% ± 0.721% 和(113.07±23.84) kg。体重指数母马比公马多 5.64，可能是母马的胸围比公马大所致。

2010 年和 2013 年，对全部参赛马的外貌进行了详细鉴定与评比，鉴定者对每匹马的主要外貌缺陷能够快速、准确判定，2 min 内即可给每匹马打出相应分数，最终选出两届马王。

第三章
德保矮马现状与保护

第一节　保种概况

一、存栏和分布

1. 各乡镇存栏情况　从 2011 年 10 月至 2012 年 5 月，颜明挥等对德保县全境范围内的德保矮马以及百色马资源状况进行了全面普查，对数量与分布、养殖规模、性别比例、体尺体型、毛色别征作了分类统计。

截至 2012 年 5 月，德保全县共有马 7 618 匹，其中德保矮马 1 612 匹。马存栏量超过 1 000 匹的乡镇依次为巴头乡、龙光乡、那甲镇（图 3－1）。

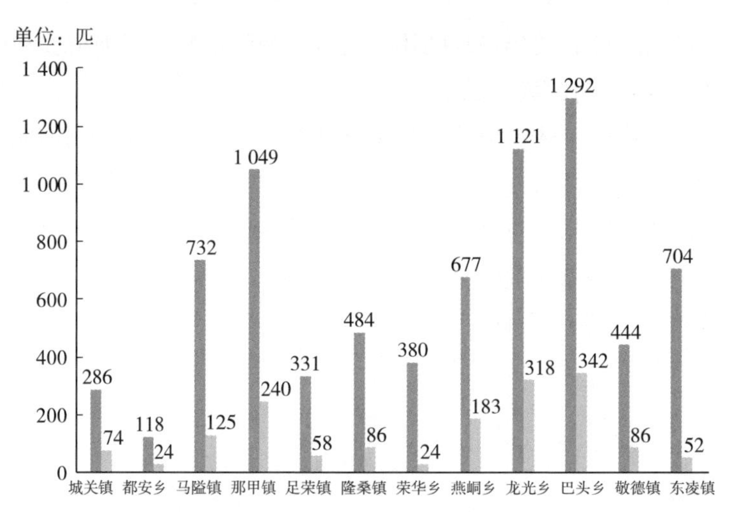

图 3－1　2012 年德保县马匹存栏情况

马匹存栏总数（匹）　德保矮马存栏数量（106 cm 以下）

德保矮马分布数量最多的依次是巴头乡、龙光乡、那甲镇、燕峒乡和马隘镇，数量均在100匹以上，主产区位于德保县中部和南部地区，其他乡镇数量分布相对较少。各乡镇德保矮马存栏比例见图3-2。

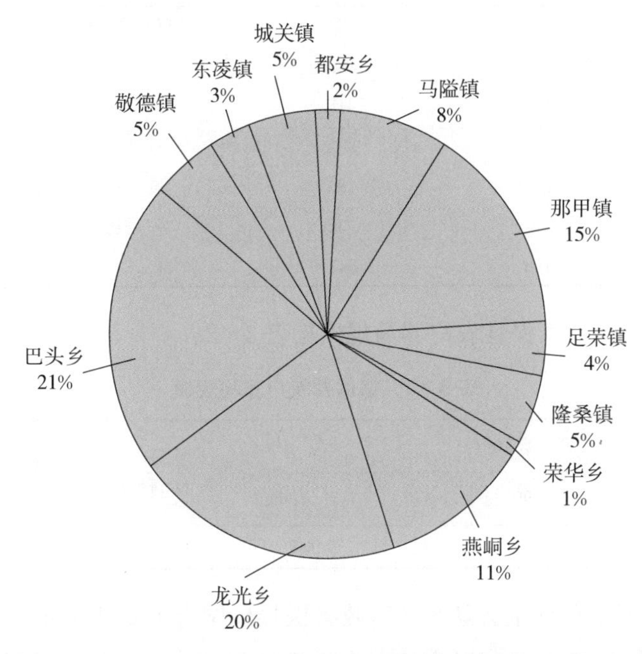

图3-2　各乡镇德保矮马存栏数量比例

重点乡镇中都有存栏量较多的村寨，燕峒乡巴龙村、龙光乡徊林村、巴头乡登喜村马的存栏量均超过200匹，东凌镇多莫村马存栏量占该乡总数的近30%，详见表3-1。

表3-1　德保县德保矮马存栏主要情况

乡（镇）名	总存栏数（匹）	成年德保矮马数量（106 cm以下，匹）	存栏最多的村	马存栏数（匹）
城关镇	286	74	茶亭村	74
都安乡	118	24	棋江村	27
马隘镇	732	125	隆华村	150
那甲镇	1 049	240	林祥村	148
足荣镇	331	58	泗营村	68
隆桑镇	484	86	谷留村	103

（续）

乡（镇）名	总存栏数（匹）	成年德保矮马数量（106 cm 以下，匹）	存栏最多的村	马存栏数（匹）
荣华乡	380	24	上河村、东江村	58
燕峒乡	677	183	巴龙村	240
龙光乡	1 121	318	徊林村	209
巴头乡	1 292	342	登喜村	206
敬德镇	444	86	凌怀村	115
东凌镇	704	52	多莫村	204
合计	7 618	1 612		

2. 养殖规模　德保县农户养马规模见表 3-2。

表 3-2　德保县农户养马规模

家庭数（户）					总养马数（匹）	家庭平均养马数（匹）
1 匹	2 匹	3 匹	>3 匹	总计（匹）		
6 277	570	56	4	6 907	7 618	1.10

表 3-2 显示德保全县除水产畜牧兽医局以国有形式集中饲养的一部分德保矮马外，其他绝大部分以户均养马 1 匹的形式为主，占总户数的 90.9%，每户平均养马数为 1.10 匹。

3. 性别比例　德保县 12 个乡镇马的性别情况见表 3-3 和图 3-3。

表 3-3　德保县马的性别比例

乡（镇）名	马总存栏量（匹）	成年公马比例（%）	成年母马比例（%）	骟马比例（%）
城关镇	286	62.5	37.5	0
都安乡	118	15.2	83.9	0.9
马隘镇	732	14.3	85.7	0
那甲镇	1 049	30.2	69.8	0
足荣镇	331	22.4	77.3	0.3
隆桑镇	484	55.7	44.3	0
荣华乡	380	82.5	17.5	0
燕峒乡	677	16.7	83.3	0
龙光乡	1 121	16.6	83.4	0

（续）

乡（镇）名	马总存栏量（匹）	成年公马比例（%）	成年母马比例（%）	骟马比例（%）
巴头乡	1 292	16.4	83.6	0
敬德镇	444	15.4	84.4	0.2
东凌镇	704	14.8	85.2	0
合计	7 618	26.1	73.8	0.04

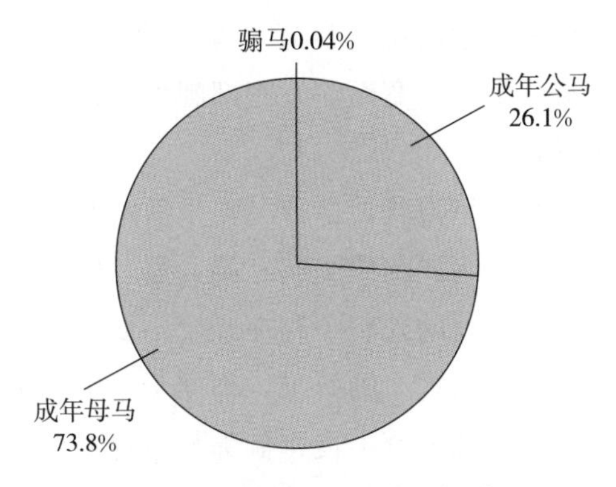

图 3－3　德保县马的性别比例

表 3－3 和图 3－3 显示德保县全县成年公马约占 26.1%，成年母马约占 73.8%，公母比例接近 1∶3。骟马数量极少，当地没有骟马的习惯。

荣华乡、城关镇、隆桑镇等马存栏相对较少的乡镇公马比例均超过 50%，规模较大的乡镇公马比例保持在 20%以下。

4. 体高分布　德保县 12 个乡镇调查成年公马 793 匹，成年母马 2 261 匹，体高分布情况见表 3－4。

表 3－4　德保县成年马体高分布情况

公（793 匹）			母（2 261 匹）		
分布情况（cm）	数量（匹）	比例（%）	分布情况（cm）	数量（匹）	比例（%）
≤90	2	0.25	≤90	14	0.62
91～100	21	2.65	91～100	43	1.90
101～104	49	6.18	101～104	140	6.19
105～106	44	5.55	105～106	140	6.19
107～110	146	18.41	107～110	560	24.78
111～120	457	57.63	111～120	1 278	56.55
>120	74	9.33	>120	86	3.81

由表 3－4 可知，德保县体高 111～120 cm 的马数量最多，成年公、母马均超过调查总数的 55%；体高 106 cm 以下的德保矮马成年公、母马分别占调查总数的 14.63%和 14.92%；体高 107～110 cm 的成年公、母马分别占调查总数的 18.41%和 24.78%。

5. 外貌特征　德保矮马体质紧凑结实，少部分马较为粗重；多呈直头，长而清秀，额宽适中，鼻梁平直，眼大而圆，耳中等大，少数偏大或偏小、直立，鼻翼开张灵活，头颈、颈肩结合良好。颈长短适中，个别公马微呈鹤颈，鬐甲低平，长短、宽窄适中。胸宽而深，腹部圆大，部分草腹。背腰平直，腰尻结合良好，尻稍短略斜。

前肢肢势端正，后肢多呈刀状，部分马略呈后踏肢势。关节结实强大，部分马为卧系或立系，距毛较多，蹄质坚实。鬃、鬣、尾毛浓密。

此次调查中发现德保县马的外貌中存在几个主要问题：

（1）头部发育　由于追求矮小的效果，德保矮马中为侏儒症的个体曾被作为优秀种马留种，表现为头部发育不良、额部与眉骨突出，对群体品质造成了一定影响。一些外貌发育不良的个体（多为德保矮马母马）下颌骨不突出，整体呈条形头。

（2）四肢发育　前肢和后肢肢势不正较多，主要表现为前后肢内弧、外弧、广踏。

（3）体型结构　较多个体后躯发育不够理想，尻部发育欠佳，颈部欠丰满，头颈、腰尻结合不良。

6. 毛色类型　德保县 12 个乡镇马的毛色分布主要以骝毛、栗毛和青毛为主，3 种毛色占总数的 95.7%，黑毛、兔褐毛和花毛较少。别征很少，仅有 4.95%的马在头部和四肢下部有白章，详见表 3－5。

表 3－5　德保县马的毛色（四）

毛色	骝毛	栗毛	青毛	黑毛	兔褐毛	花毛	其他	合计
数量	3 404	1 385	1 182	140	57	57	13	6 238
占比（%）	53.3	21.7	18.5	2.2	0.9	0.9	0.2	100

7. 气质特征　德保矮马气质以中悍为主，达到上悍的个体不多，种公马尚缺少悍威，需要在今后加强培养，增加马的胆识。

德保县 98.2%的马脾气秉性温驯，易于亲近与控制，适合儿童骑乘、宠物等用途，这主要是由于当地马多数出生后就能够与马主人接触形成的。

8. 营养与健康　当地历来都以户养为主，管理粗放，基本不补饲。自9月至次年2月为全天放牧，当年3—8月为半放牧，个别割草舍饲。有的与牛混放，有的用绳子系在田边地头或拴在房前屋后及荒坡上，一天轮换一两个地方，任其采野草，予以饮水。此次调查得知，绝大部分马营养中等，但也有部分地区呈现明显的营养不足，造成个体发育不良的状况。

二、相关研究

（一）马矮小性状相关研究

国内外对马体型相关分子生物学研究起步比较晚，尤其对马矮小性机理的研究较少。Makvandi - Nejad等（2012）利用高密度芯片扫描技术发现，4个基因区域和马的体型大小密切相关。他们认为*LASP1*、*LCORL*、*HMGA2*和*ZFAT*基因可以解释马体型结构的83%的变异（Makvandi - Nejad等，2012）。Signer - Hasler等（2012）利用全基因组关联分析发现，法国Franches - Montagnes马3号和9号染色体的2个区域的*LCORL/NCAPG*和*ZFAT*基因与体高有密切关联。Petersen等（2013）利用全基因组关联分析同样发现马体高相关的三个候选基因*IGF1*、*NCAPG*和*HMGA2*基因。Tetens等（2013）发现，*LCORL/NCAPG*区域在德国温血马中与体高显著关联。Metzger等（2013）发现，马*LCORL*基因BIEC2 - 808543位点多态对*LCORL*基因在不同体高马上表达量影响显著，说明*LCORL*基因的表达量对马体型大小有很重要的意义。在国内，塔娜（2008）对西南矮马*SHOX*基因与其他物种相应区域序列进行比较分析发现，人和马的矮小性状*SHOX*基因序列有95%的相似性。鲍海港等（2011）研究百色马和纯血马*IGF1R*基因外显子序列的多态性发现，*IGF1R*基因的3个外显子区域有多态，其中突变406T/C和212110/A只在百色马体内检测到；纯血马突变212077G/A在百色马体内没有多态，说明马*IGF1R*基因外显子多态位点突变406T/C和212110G/A可能与百色马的矮小性相关。

（二）分子遗传测定和选育技术研究情况

1. 德保矮马X染色体的选择信号筛选　有基于高密度SNP芯片信息的研

究，对德保矮马的X染色体进行了选择信号检测。结果表明，在X染色体上出现较大的选择信号区段4.0～39.9Mb和87.1～123.5Mb，候选区域含有*CHRDL*1、*BCOR*、*PHEX*、*CACNALF*、*PNPLA*4和*GPC*3等与骨骼发育和脂肪代谢相关的基因，这些基因可能受到了正选择作用。通过对分化基因进行检测探索研究，为深入挖掘影响个体大小的候选基因和基因突变提供基础。但所得到的结果有待进一步的验证，且对检测出的候选基因功能还需进行深入研究（刘雪雪等，2015）。

2. 德保矮马生长激素基因的克隆与序列分析　有学者克隆和分析了德保矮马的生长激素（growth hormone，GH）基因全序列。阳性重组质粒测序表明，德保矮马GH基因碱基序列全长1 922bp（GenBank登录号为EU 939447），包含完整的5个外显子和4个内含子。与纯血马比较，有19个碱基位点突变；其中，11个位于外显子区域，有义突变4个，第924位碱基C→T使第70位氨基酸由Thr→Ile、第1249位碱基C→T使第112位氨基酸由Pro→Leu、第1287位碱基A→T使第125位氨基酸由Ser→Cys、第1309位碱基A→C使第132位氨基酸Asp→Ala。以GH编码区构建物种的亲缘进化树，*GH*基因在进化中比较保守（蒋钦杨等，2009）。

3. *GHR*基因与矮小体型之间的相关性　GH/GHR调控轴在调节机体生长中起着非常重要的作用，*GHR*基因变异能使机体的生长发育受阻。生长激素受体是调节机体生长发育的关键蛋白，*GHR*基因突变会影响受体功能的发挥，与矮小性状之间有着密切的相关性。试验采用PCR-SSCP技术分析德保矮马的*GHR*基因外显子2～10片段，发现外显子2、4、6存在多态性，为下一步研究*GHR*基因对矮马体型的影响及其形成机制打下基础（蒋钦杨等，2013）。

4. 德保矮马血型研究　经三次血型检索，在ALB系统中，B型频率最高。从检索结果看，1986年B型占52.17%，1988年检索B型占48.24%，1990年检索B型占70.58%。B型在矮马群体中占大多数，说明德保矮马历年来有不同品种群体间基因交流机会。现不排除矮马群体中有中型马基因的存在。在B型马选育试验中，B型马矮化明显，父本97 cm与母本94 cm交配，所产后裔24月龄平均体高只有83.75 cm。利用同血型选种、选配，可能使矮小基因得到“重叠”和“强化”，产生加强作用，使矮马进一步矮化（陆克库等，1991）。

5. 德保矮马矮小性相关选择信号检测　研究利用 GeneSeek Equine SNP 65K 芯片在德保矮马与中国其他两个马品种之间进行选择信号检测，使用 di 和 XP-EHH 检测方法在德保矮马基因组检测到了显著信号。使用遗传分化系数 FST 为基础的 di 分析，检测到了 523 个显著的 SNP 位点（di>6.34）。通过基因注释，注释到了 338 个基因。其中，身体骨骼结构相关 87 个基因，骨骼系统发育相关 17 个基因，软骨发育相关 10 个基因，肢体形态和发育相关 11 个基因 *HAND2*、*LEF1*、*ALX3*、*COL2A1*、*ZBTB16*、*TBX3*、*SULF1*、*ASPH*、*EN1*、*PCSK5*、*CHST11*。这些基因与德保矮马发育相关。使用单倍型为基础的 XP-EHH 分析，检测到 505 个显著的 SNP 位点（$P<0.01$），共找到 635 个基因区域包含骨骼和肌肉发育密切相关基因，例如"上肢发育不全""皮质骨形态异常""影响骨的轴向骨架""四肢的肌肉异常"等。

6. 德保矮马体高相关关联性分析　为了确认不同方法检测到的显著选择信号是否与德保矮马的体高相关，进行了德保矮马与比较高的伊犁马品种之间的体高关联性分析研究。结果检测到 22 个 SNP 位点，不仅 Di 值 XP-EHH 值显著，而且与体高显著关联。这 22 个 SNP 位点可以解释德保矮马和伊犁马体高上的大部分差异（$R^2=0.943$）。通过基因注释发现 *HMGA2* 和 *TBX3* 基因与体高显著相关。*HMGA2* 基因是已经确认的人和马体高密切相关的基因。*TBX3* 基因是人和动物肢体发育密切相关的基因，但是 *TBX3* 基因在国外马品种中没有报道过。

7. 德保矮马与国外马基因交流事件分析　为了排除德保矮马与国外矮马存在基因交流情况，进行了统计分析研究，发现德保矮马与国外品种不存在基因交流事件。说明德保矮马遗传背景与国外矮马品种有所不同（阿地力江·卡德尔等，2015）。

三、德保矮马保种场、保护区建设

自 1981 年德保矮马被发现之后，1981—2000 年先后建立了以巴头乡多美村和马隘乡隆华村等 10 个自然村屯为核心的保种基地，一直保持有 10 匹公马、40 匹母马的饲养规模。

2001—2002 年在原县良种猪场建立德保县县级矮马保种场，修建马栏 500 m^2，种植牧草约 0.67 hm^2，饲养种马 20 匹（8 公 12 母）。2009 年以来，德保县为贯彻落实国家有关畜禽遗传资源保护政策，多方面筹措资金，组建了德保矮马原种场。

2006年百色马被列为国家级畜禽遗传资源保护品种。

2008年农业部公告第1058号划定国家级百色马保护区（编号：B4504003），保护区范围为巴头、马隘、那甲、城关、燕峒五个乡镇，建设单位为德保县畜牧技术推广站。

2009年11月经国家畜禽遗传资源委员会审定，德保矮马从百色马中分离出来，成为独立的畜禽遗传资源。

2010年12月，德保矮马原种场通过了广西壮族自治区水产畜牧兽医局组织的有关专家的现场评审。2011年1月，自治区水产畜牧兽医局向该场正式颁发了《种畜禽生产经营许可证》，标志着“广西德保矮马原种场”纳入统一管理，为下一步建立国家级德保矮马保种场打下坚实的基础。

2012年8月，德保矮马保种场确立为国家马（驴）产业技术研究与试验示范项目基地。

2012年8月，农业部公告第1828号确定建设单位广西德保矮马原种场为国家级德保矮马保种场（编号：C4504004）。

2015年4月15日登记注册成立了“德保县矮马保种繁育管理中心”（事业单位），承担德保矮马遗传资源保护与开发管理工作，按照国家有关规定建立德保矮马保种核心群，开展活体保存和群体扩繁；开展相关标准修订和申报；协助国家有关科研机构开展技术研究；实施国家有关矮马遗传资源保护项目建设；指导本县矮马产业开发，促进地方特色经济发展；承担德保矮马农产品地理标志登记申报和管理等工作。

德保县矮马保种繁育管理中心（保种场）位于德保县燕峒乡那布村那美屯，占地10 hm^2多，生产区与办公生活区分开，布局合理。生产区建有种马舍3栋共1 860 m^2、运动场5 600 m^2，后备种马舍1栋600 m^2，实验室1间30 m^2，兽医室1间20 m^2，饲料仓库1间50 m^2，配备有消毒、粪便无害化处理设施，防疫条件符合《中华人民共和国动物防疫法》等有关规定并获得《动物防疫条件合格证》。保种场内存栏马匹206匹，其中种公马15匹、基础母马165匹，建立6个家系。马场有科学的管理、繁育、免疫制度和技术规范。

德保县矮马保种繁育管理中心是德保县水产畜牧兽医局下属事业单位，共有技术人员4名、兽医师2名、助理畜牧兽医师2名。

中心依托德保矮马原种场，制定了保种规划和技术方案并组织实施，负责养殖户矮马饲养管理技术指导和疫病防治，辐射带动城关、马隘、那甲、燕峒、巴头等5个保种基地，扩大繁育规模，结合旅游产业的开发，大力发展德保矮马特色产业。全县存栏矮马种马3 000匹以上，每年可向社会供应商品矮马300匹，产值可达150万元。先后建立的中国德保矮马繁育中心、德保少年马术队训练基地、德保职业技术学校马术班教学实习基地，是一个集教学、科研、文化旅游为一体的兼顾保护与发展的机构。

四、登记情况

2011年之前，对部分德保矮马进行了原始登记，但登记时有间断，血统不全。

为搞清德保矮马的分布、数量和体尺情况，从2011年10月起，德保县水产畜牧兽医局组织开展了德保矮马普查登记工作，对全县的德保矮马进行全面的普查登记，基本理清了矮马的结构、数量、分布和体尺情况，为后续工作奠定了基础。

2013年制定德保矮马登记规则（草案），开始进行电子登记，建立了详细的系谱档案，共登记矮马932匹。

登记工作由中国农业大学韩国才教授带领博士研究生、硕士研究生开展，对登记人员进行培训并具体指导实施。

第二节　保种目标

德保矮马保种选育方向为：以利用为前提的品种保护为目的，以增加种群数量为基础，以提高群体均一性与品质为重点，以加强训练调教为手段，坚持提纯复壮，强化家系选择，扩建保种核心群，努力提高特、一级德保矮马的比例。主攻矮小性能、体型优美特点、运动性能和繁殖力，使德保矮马固有的优良遗传品质得以充分发挥，使弱势性状不断得到改善，切实保护好德保矮马基因库。

一、数量指标

1. 种马数量

（1）保种场数量　燕峒乡那布村建立的国家级德保矮马原种场，2017年末基础母马达到150匹，特、一级占85%以上；种公马12匹，特、一级占90%以上。巩固城关、马隘、那甲、燕峒、巴头等5个保种基地，扩大育种规模，2017年末基础母马达到600匹。

（2）全县矮马数量　2013年末达到3 000匹，其中基础母马1 700匹，种公马550匹；采用国有民养等措施，不断提高矮马的饲养数量。各年度基础母马中特、一级达到80%以上，种公马中85%为特、一级。

2. 家系与品系

（1）家系　为实现有效保种，原种场建立三代之内没有血缘关系的家系6个以上，每个家系母马不少于25匹。

（2）品系　在原种场建立标准型、迷你型、运动型3个专门化品系，每个品系不少于50匹；保种基地每个品系不少于150匹。完成组建专门化品系任务，丰富品种结构，加快提高德保矮马种质水平。

二、性能指标

主要包括在预定期限内，实现对种群体尺和体重、体质外貌、生产性能等主要性能指标的控制目标。

（一）体尺和体重

见表3-6和表3-7。

表3-6　德保矮马专门化品系体尺、体重选育目标

类型	性别	体高（cm）	体长率（%）	胸围率（%）	管围率（%）	体重（kg）
标准型	公	85～100	105～112	111～116	12.0～12.5	95～120
	母	90～106	105～110	110～115	11.5～12.0	90～120
迷你型	公	72～78	99～104	110～115	12.0～12.5	85～95
	母	75～80	100～105	112～117	12.2～12.7	88～100
运动型	公	108～113	99～102	112～117	11.8～12.3	110～120
	母	110～115	100～103	113～118	11.5～12.0	115～125

资料来源：《德保矮马保种选育实施方案》（2013—2017）。

《德保矮马》标准（DB45/T 111—2003）体尺和体重最高限见表3-7。

表 3－7　德保矮马体尺和体重最高限

性别	体高（cm）	体长（cm）	胸围（cm）	管围（cm）	体重（kg）
公	104	104	130	14	170
母	104	110	126	13	150

（二）体质外貌

体质要求结实干燥，性情温驯，悍威上等，气质良好。体型结构匀称、紧凑、修长。头大小适中，多呈直头，眼中等大以上。颈清秀、颈肩结合良好。前胸宽，胸廓深长，腹形正常。腰较短，腰尻结合良好，尻较宽，多呈正尻稍斜。四肢坚实、干燥，关节和肌腱发育良好，前肢端正，后肢适度曲飞，系长短适中，蹄形正常。

毛色以骝毛为主，栗色和黑色毛次之，鼓励花毛、银鬃等特殊毛色基因群体规模的扩大。

（三）生产性能

德保县以 12 匹矮马分成四个组进行骑乘、驮载、拉车、骑跑等能力测定，结果见表 3－8。

表 3－8　德保矮马步伐速度测定

项目	路途长度（m）	匹数	负重（kg）	最短用时	最长用时	平均用时
骑乘	1000	3	62.5	9′03″	9′10″	9′07″
驮载	1 000	3	107.5	9′30″	10′08″	10′08″
拉车	1 000	3	448.0	10′20″	12′31″	11′26″
骑跑	1 000	3	63.8	3′10″	3′49″	3′30″

资料来源：德保矮马地标材料 1。

迷你型，生理指标符合正常水平，体型优美，具有观赏性，未出现因矮化而出现的生活力过度减弱、身体畸形、智力下降等不良状况。

运动型，在背负体重不超过 50 kg 少年儿童骑手的情况下易受衔，能服从骑手的初级扶助，正确自如地进行慢步、快步和跑步，可进行每局 10 min 的马球比赛，能够胜任穿桩、绕桶等比赛或表演，比赛或表演后半小时内各项生理指标恢复正常。

公马性欲旺盛，精液品质良好；母马发情正常，易受胎，产驹率在70%以上，哺乳能力强；幼驹生长发育正常，在3岁时可达成年体尺指标90%以上。适应性强，耐粗饲，抗病力好。

《德保矮马》标准规定，正常挽力为体重的3倍，驮载为体重的2/5，步挽曳和驮载每小时4.5～5.5 km，乘骑常步每小时6～7 km。

第三节　保种技术措施与管理措施

一、保种技术措施

（一）德保矮马地方标准的制定

2002年以前，德保矮马在主产区千家万户中进行饲养繁殖，群众对德保矮马的选种繁育无标准可依。为了做好德保矮马的保种选育工作，2003年，在自治区水产畜牧局的大力支持和指导下，德保县水产畜牧局组织起草制定德保矮马品种地方标准（草案），2003年2月经自治区组织的审定和修改报送区技术监督局审核，区技术监督局于2003年5月批准发布了广西地方标准《德保矮马》（DB 45/T 111—2003）。为德保矮马的选种选育提供了科学的依据。

德保县于2002年制定了《德保矮马保种管理办法》，2010年编制了《德保矮马资源保护与开发中长期发展规划》，2012年自治区畜牧主管部门制定了《德保矮马保种技术方案》。农业部第2651号公告中将广西德保矮马列入农产品地理标志登记产品，依法实施保护。

（二）活体保种

1. 保种场、保护区建设　国家级畜禽遗传资源保种场和保护区是指国家为保护特定畜禽遗传资源［即畜禽及其卵子（蛋）、胚胎、精液、基因物质等遗传材料］，在其原产地中心产区建立的资源保护场所和划定的特定区域，由农业部根据全国畜禽遗传资源保护和利用规划及国家级畜禽遗传资源保护名录负责建立或者确定，并予以公告。

德保县已建有国家级德保矮马保种场一处，位于燕峒乡那布村那美屯，现存栏矮马206匹，基础母马165匹，成年种公马15匹，6个家系；并设立了国家级德保矮马保护区，位于巴头、马隘、那甲、城关和燕峒等乡镇，重点保护群有成年母马256匹，成年公马64匹。保护区内相对集中的德保矮马有4个保种群，保种群间距离均不小于3 km。

2. 基础群组建

（1）种群结构　基础母马占保种群总规模的35%以上，种公马占3%～5%。各家系等量留种、本品种扩繁，从保护区中选入。选留足够数量的后备母马、后备公马以备更新、淘汰和扩群需要。

（2）家系数　保种场应建立三代之内没有血缘关系的家系数6个以上，母马150匹以上，公马12匹以上。

3. 世代间隔　德保矮马保种采取延长世代间隔，10年一代，整群换代（避免世代交错）的繁殖继代体制。在三个相邻繁殖年度的幼驹中确定组成新一代保种群的个体，第二个年度为标准换代年度。

4. 交配方式

（1）原则　在避免半同胞交配的条件下，各公马随机等量地交配母马。

（2）交配组合　各世代三个保种繁殖年度的交配组合应根据上述原则在开始配种的2个月前确定并列出清单。每个繁殖年度每匹公马交配母马5匹，三个年度中每匹公马交配的与配母马都要避免重复。

5. 留种方法

（1）原则　各家系等量留种，淘汰明显表现近交衰退的个体。

（2）实施　在三个年度的幼驹中，为每匹公马留下1匹公驹、5匹母马继代；在三个年度的幼驹中为每匹母马留下1匹公驹或母驹继代；为实施以上两点，必要时可使个别公马或母马延续繁殖一个年度。

6. 近交增量超过限额的补救措施

（1）为实现保种目标，各世代全群平均近交系数限额见表3-9。

表3-9　5个世代全群平均近交系数限额

世代（t）	全群平均近交系数（Ft,%）
1	8.65
2	9.62
3	10.59
4	11.54
5	12.49

（2）在保种期间如果由于公马死亡、不育，保种场经营不善等意外原因造成某世代有效规模低于应有水平，以致下一代全群平均近交系数超过了预计水平，必须尽可能在最近世代依靠扩大有效规模把全群平均近交系数调整到限额水平以内。

（3）近交系数超过当代限额时的调整方法　如果近交系数超过当代限额，但尚未突破下一代预计达到的水平，应立即扩大当代有效规模，把下一代平均近交系数调整到预计水平内。

（4）近交系数超过下一代限额时的补救措施　如果马群平均近交系数超过下一代的预计水平，可以采取在所余的保种世代进行调整的方法。在该情况下，以当代为起点，以保种最后一代为止点，重新确定所剩余各世代的有效规模。

（5）近交系数突破12.5％时的措施　马群实际衰退表现不严重时，尽可能选择未表现明显衰退的个体重新组群，扩大繁殖，抢救品种；马群实际退化表现严重，正常个体所余无几，而且全部为母马时，宣告保种失败。

7. 保种效果的监测与保种方案的调整

（1）各世代按以下五个方面对保种效果进行监测：

①初生、3日与5岁时的体尺指数。

②全群毛色分布。

③卧系、裂蹄、“鲤口”、额骨突出、条形头、飞节软肿、管骨瘤的发生频率，以及新出现的有害性状总频率。

④5岁公马6～8个月的精液品质。

⑤5岁母马年度受胎率，幼驹至断奶时的成活率（事故性死亡除外）。

对体尺外貌、工作性能、后裔测验、血统记录等五项进行综合评定，并给予评分，决定个体等级。

（2）必要时可酌情扩大有效规模，部分修订方案。

（3）在保种期间，马冻精技术成熟应用后，可修订方案，各世代公马可酌情减少一部分活体；有效规模的性别构成亦可根据当时的马匹利用形势修订。

（4）在保种期间，马冷冻胚胎技术成熟应用，并比活畜保种更省费用时，可采用该法，酌情减少一部分活体；当产业已形成新的经济利用形势和生产体系时，德保矮马数量已大大超过保种需要时，解除保种体制。

8. 建立品种登记制度　保种选育群体均应进行规范化登记，建立育种档案，包括种公马个体档案、种母马个体档案、配种记录、选种选配记录、产驹记录、断奶记录（结合烙号）、幼驹发育记录、幼驹调教记录、性能测定记录等。个体记录中记有编号或名称、来源、产地、年龄、毛色、系谱、能力、等级、后代。按统一标准登记入册。

成立德保矮马登记委员会，制定登记规则，并受农业部认可为全国唯一的本品种正式登记组织。由德保矮马登记委员会开展德保矮马登记工作，发放登记证书，每 4 年出版一卷《德保矮马登记册》，并在中国农业大学指导下实施德保矮马登记信息系统管理。

（三）生物保种

在对德保矮马遗传资源进行活体保种的基础上，结合人工授精（种公马站建设、低温远程输精、精液冷冻）、胚胎移植等技术进行生物保种。

1. 人工授精技术　人工授精技术是快速增加改良马匹数量的主要技术，通过采集种公马精液进行稀释处理后，大大增加了可配种母马数量，结合低温远程输精技术和精液冷冻技术，突破了种公马利用受时间和地域的限制。

（1）种公马站建设　种公马站是饲养种公马、进行人工授精或胚胎移植的场所。种公马站可以全年对外输送优良的公马精液，优秀种公马一年可输精配种 1 000 匹以上母马。

（2）低温精液运输　在 4～8℃保存条件下，将精液通过多种交通工具送至缺少种公马的地区，在 72 h 内输精配种，可降低饲养种公马的成本。

（3）冷冻精液　精液的冷冻保存是指将采集到的新鲜精液，经过特殊处理后，主要利用液氮（－196℃）作为冷源，以冻结的形式在超低温环境下进行长期保存。通过使用精液冷冻保存技术，能充分提高优秀种公马的利用率，并保证大量母马的配种需要，加快扩繁速度。种公马调教采精见图 3－4，冷冻精液生产工艺流程见图 3－5。

2. 胚胎移植技术　以一部分优秀德保矮马作为供体母马，以普通德保矮马母马作为受体，使用胚胎移植技术可大大提高繁育速度和数量；使优秀的运动型德保矮马母马既可以参加比赛也可以参与配种，提高优秀种马的利用效率。胚胎移植技术的工艺流程见图 3－6。

3. 基因库　畜禽遗传资源基因库是指有固定的场所，所在地及附近地区无重大疫病发生史；单品种冷冻精液保存 3 000 剂以上，精液质量达到国家

图 3-4 种公马调教采精

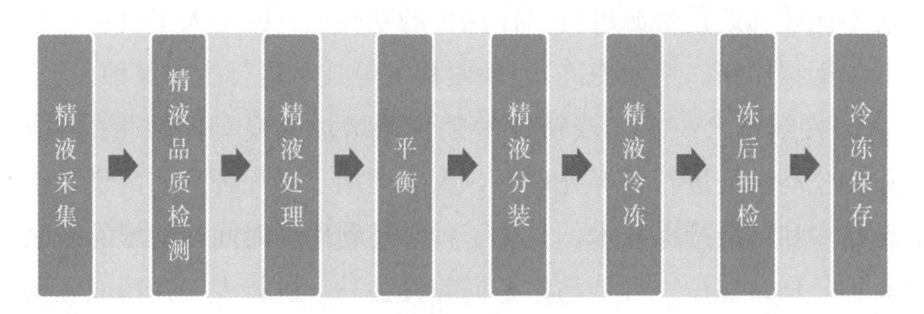

图 3-5 冷冻精液生产工艺流程

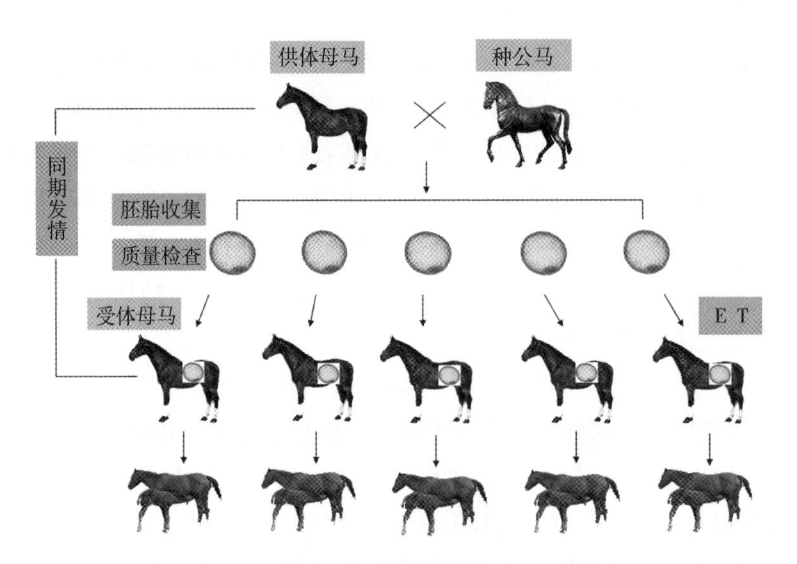

图 3-6 胚胎移植技术

有关标准；用于采集精液的公马必须符合其品种标准，级别为特级，系谱清楚，无传染性疾病和遗传疾病，三代之内没有血缘关系的家系数不少于 6 个。单品种冷冻胚胎保存 200 枚以上，胚胎质量为 A 级；胚胎供体必须符合其品种标准，系谱清楚，无传染性疾病和遗传疾病；供体公畜为特级，供体母畜为 1 级以上，三代之内没有血缘关系的家系数不少于 6 个。有相应的保种计划和质量管理、出入库管理、安全管理、消毒防疫、重大突发事件应急预案等制度，以及遗传材料制作、保存和质量检测技术规程；有完整系统的技术档案资料。有畜禽遗传材料制作、保存、检测、运输等设备与技术人员保障。

二、管理措施

近年来，德保县委县政府十分重视本地特优畜禽品种的保护与开发，全力推进德保矮马特色产业的开发，取得新突破。

1. 国有民养　进行各项保种基础性工作，以“国有民养”的方式，在城关、马隘、那甲、燕峒、巴头等 5 个乡镇建立矮马保种基地，在燕峒乡那布村那美屯建立广西德保矮马原种场，并实行专人负责，开展选种选配和本品种选育等工作。

2. 项目支持　积极进行相关项目的申报工作，“十一五”以来，累计向农业部、自治区水产畜牧兽医局、自治区科技厅等申报德保矮马等地方优良品种的保种繁育项目，累计争取项目资金 600 多万元，有效地推动了地方特优品种的保护和开发。

3. 旅游开发　结合旅游产业的开发，争取到地方财政投入，政府已投入 1 000 多万元，进行矮马原种场的基础设施建设，并充分利用“广西百色（德保）红枫旅游节”平台，组织承办矮马童军巡游表演和矮马选秀活动，各主要景区都有矮马供游客们观赏娱乐，充分展示德保矮马的品种特性。

4. 宣传推广　加大德保矮马的宣传力度，提高知名度。充分利用中央电视台、广西电视台等媒介多次进行宣传，引起了各级领导和各界人士的高度关注。

5. 科学研究　加大德保矮马保护与产业开发的科技研究力度，“十一五”开始，积极与中国农业科学院、中国农业大学、广西科技厅和广西大学等科研机构开展保种技术合作研究，与中国农业大学签署了校县合作协议，进一步加大德保矮马遗传资源研究与开发的科技投入，加大了保护与产业发展力度，取得了很好的成效。1981年以来国内除台湾省和西藏自治区外，其他省市都引入德保矮马，在旅游景点、农庄、公园、矮马游乐场为游人提供观赏娱乐服务。

第四章
德保矮马繁育与登记

第一节　生殖生理

李楠（2016）对德保矮马种公马和成年母马的生殖生理进行了专门研究，并对种公马精液质量、母马卵巢发育与激素关系等进行了详细分析。

一、种公马精液分析

对4匹德保矮马种公马精液质量进行了检测分析，结果分别见表4-1至表4-3。

表4-1　4匹种公马初期采精精液质量分析

种公马	水温（℃）	爬跨次数	精液体积（mL）	活力	密度（亿个/mL）	畸形率（%）
马王“骏雄”	42	4	18	0.2	4.2	30
91号	40	1	12	0.25	5	35
71号	40	1	20	0.1	1.5	25
516号	44	3	20	0.2	3.5	35

由表4-1可知，由于长时间未采精，公马附睾中储存的精子大多数是死精子和畸形精子，精子数量多但不符合冻精制作标准。制作冻精的鲜精要求活力大于0.5、畸形率小于30%。因此，种公马需要定期采精，至少在繁殖季节前2个月要进行每周1～2次采精。在非繁殖季节制作冻精时根据饲养管理和马场工作安排，每匹公马每周可制作两批冻精。

表 4-2　4 匹种公马冻精前一次精液质量分析

种公马	水温（℃）	爬跨次数	精液体积（mL）	活力	密度（亿个/mL）	畸形率（%）
马王“骏雄”	42	5	15	0.5	3	20
91 号	40	1	8	0.79	6.71	10
71 号	40	1	20	0.5	1	15
516 号	44	2	20	0.6	2	15

由表 4-2 可知，种公马经过标准化饲养管理且多次采精后精液质量逐渐提高，活率均大于 50%，畸形率均小于 30%，符合制作冻精的标准。

共制作冻精 9 批（表 4-3），细管 154 支。其中，91 号公马 3 批 45 支，71 号公马 2 批 34 支，516 号公马 2 批 39 支，马王 2 批 36 支。活力均在 0.3 以上，达到输精标准。由于马王“骏雄”年龄较大，精子耐冻能力较差，所以冻精解冻后活力在 4 匹公马中相对较差，但仍符合冻精使用标准。

表 4-3　制作冻精批次结果

种公马	批次	细管数量	解冻后精子活力
91 号	3	45	0.52
71 号	2	34	0.50
516 号	2	39	0.42
马王“骏雄”	2	36	0.35
共计	9	154	

二、成年母马卵泡发育及激素水平

对 5 匹德保矮马母马卵泡发育动态模式及激素水平进行了 B 超检查和血清检测，分别见图 4-1 至图 4-3。

选取 5 匹发情母马，每天上午 8：30 利用 B 超检查卵泡发育、黄体发育及子宫角情况，记录卵泡、黄体直径。检查完毕后采 5 mL 血液，血液静置 24 h 后，以 2 000r/min 离心 10 min，提取血清，－20℃保存。随后，送到实验室检测血清中雌激素（E_2）、促卵泡素（follicle - stimulating hormone，FSH）、促黄体生成素（luteinizing hormone，LH）和孕酮（P_4）。

5 匹母马中的 2 匹排卵 2 次，记录 1 次完整的发情周期；另外 2 匹母马排卵1次，记录排卵前卵泡和排卵后黄体发育；最后1匹母马卵泡萎缩。保存的黄体B超、卵泡图像分别见图4-1和图4-2。

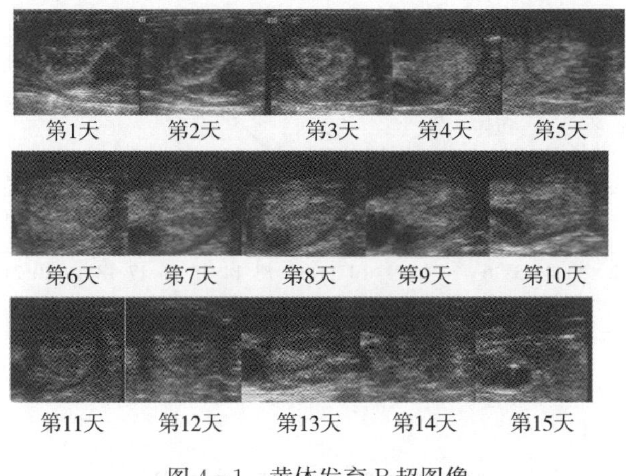

图4-1　黄体发育B超图像

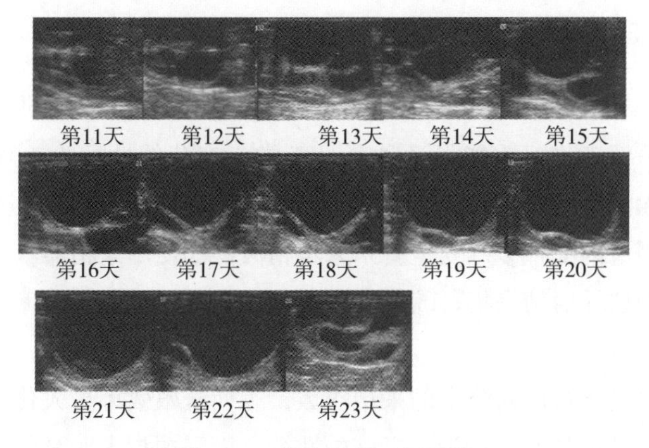

图4-2　卵泡发育B超图像

如图4-1所示，德保矮马母马发情周期23 d左右，其中黄体期15 d、卵泡期8 d。卵泡排卵后，黄体逐渐发育，于第5天发育成熟，若未妊娠，则黄体在第10天逐渐萎缩，排卵后第15天消失。由图4-1和图4-2可见，黄体开始萎缩时，卵泡开始发育，排卵后第11天卵泡直径为6 mm，随后以3 mm/d的速度生长，排卵前2 d卵泡最大直径为38 mm，至排卵前1 d，由于迫近排卵导致卵泡壁变软，卵泡萎缩1 mm，直径缩减为37 mm（图4-3）。建议卵泡发育至35 mm时开始输精，按隔日输精方法，直至排卵。

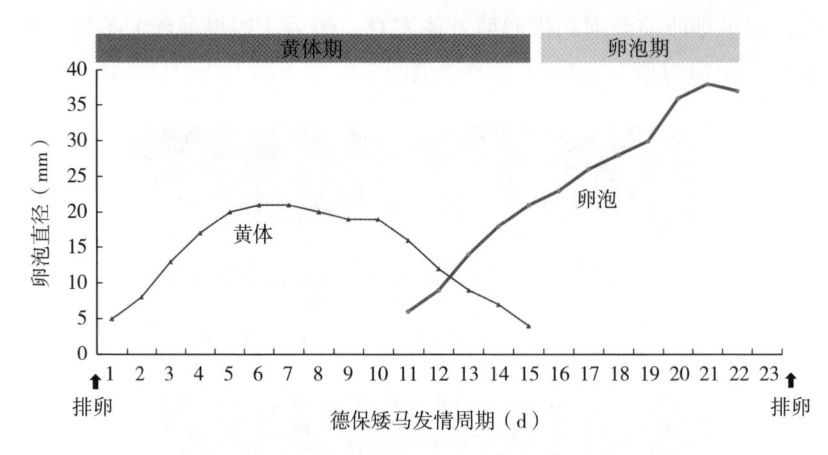

图 4-3　德保矮马发情周期黄体、卵泡发育模式图

第二节　繁殖技术

一、人工授精

1. 采精　采精是马人工授精工作中的重要技术环节，必须按照操作规程的要求开展采精工作，才能保证种公马正常、充分的性行为表现，采集到量多、质优、无污染的精液。种公马的精液采集方法有 5 种：①从阴道采集精液；②使用阴道内配种袋（安全套）采集精液；③使用采精器（假阴道）采集精液；④药物诱导射精采集；⑤电刺激采精法。其中，使用采精器（假阴道）方法采精最为普遍。

采精频率是指每周内公畜的采精次数。为使繁殖效率最大化，要在日常管理中确保种公马正常的性行为和良好的性欲。而采精技术对马的性欲和性行为有直接的影响，因此高质量精液的采集需要合理的采精方法和采精频率（张忠诚，2005）。

目前主要使用假阴道采精法，该方法是模拟母畜阴道环境条件，给公畜阴茎提供适当的温度和压力，诱导公畜在其中射精，从而获取精液的方法。在 20 世纪 30—40 年代，一些不同类型的采精器诞生（Anderson，1945；Maule，1962；Perry，1968；Davies，1999），之后不断改进。现在使用比较普遍的马用采精器主要有：CAU 型、密苏里（Missouri）型、科罗拉多（Colorado）型、汉诺威（Hanover）型、日本西川（Nishikawa）型、伊万诺夫型

(Ivanoff)、哈维（HarVet）型、波兰（Polish）型、INRA 型、罗阿诺克（Roanoke）型等。每一种采精器都有其优点，不同的采精人员以及不同的种公马都会有其偏好或适应的型号。

2. 精液品质鉴定　精液品质检查是通过分析精液品质的各项参数来评定其质量的好坏，为精液的稀释、分装保存及运输和技术操作提供基础数据；此外通过检查精液的品质，客观准确地评价种公马精子的生物学功能及其质量，可以在一定程度上了解种公马的饲养水平、生殖机能状态和精液处理技术的操作水平等。这对指导种公马的饲养管理具有十分重要的意义。

随着社会和科技的发展，精子质量检测的研究水平越来越高，由最先的一般光学显微镜检测法，只能检测一些普通的参数，如精液的体积、气味、色泽、酸碱度（pH 试纸法）、活力、密度和畸形率等，发展到现在应用计算机辅助分析技术及其他一些先进的仪器设备进行分析。这些先进技术手段的应用，使我们获得一些新的评价精子质量的指标，如运动参数、顶体状态、DNA 状态、线粒体功能和受精能力等，能更快速、直接、准确、客观地评价精子的质量。

（1）射精量　正常情况下，马的射精量范围为 20～100 mL，而具体射精量会随着马的品种、健康状况、年龄、季节、采精频率及饲养条件等因素变化；其次，同类品种中个体间体质的差异也会导致射精量不同。马属动物由于射出的精液中含有大量的胶状分泌物，故其射精量的计算应为去除胶状物后的体积。射精量过多或过少都是异常的，原因可能是生殖机能疾病、营养水平、采精频率或方法等造成的。

（2）气味　马精液的气味应为无味或稍带点腥味，如果采集出来的新鲜精液有强烈的异味，如臭味、臊味等，则可能是因为混杂了粪尿，此外还有可能是生殖道出现了炎症。出现这些异常情况时应该及时查明原因，如为生殖疾病要及时对症治疗。其次，采精应在干净清洁的环境中进行，采精前清洁公马的包皮及阴茎。

（3）色泽　通常马的精液为浅乳白色或灰白色。颜色的深浅主要随精液密度的变化而变化，密度越高，颜色越深。当马进食富含维生素 B_2 的饲料时，精液颜色会呈黄色，这是正常的现象。精液如果出现淡红色、淡绿色或黄色，很可能是生殖器官病变，化脓或者精液中混入了尿液。

（4）pH　精液 pH 传统的测定方法是用 pH 试纸，这种方法简便，但是精确度低，只能大概预测其在某个范围；现在应用先进的仪器如pH计等进行测定，结果更为准确。马的精液一般呈弱碱性，pH 7.0～7.4。

(5) 精子形态与结构　精子正常的形态及结构与精子的功能紧密相关。精子畸形可分为头部畸形、中段畸形和尾部畸形。造成精子畸形的原因有很多，如遗传、种公马年龄、生殖系统的病变、交配或采精频率过高、环境条件、营养水平、精液稀释处理的方法及保存方式，等等。畸形率检测的传统方法是通过光学显微镜用肉眼进行观察，结果较为主观。现在借助计算机精子形态自动分析系统，能客观准确地对精子的形态结构进行分析判断，结果比较客观准确，已经广泛应用于马精液研究和检查当中。

(6) 精子运动性能与存活时间　精子活率是精液品质检测的常规指标，指的是精液中呈直线向前运动的精子占总精子数的百分率。精子质量检测的传统方法主要是利用光学显微镜通过目测的方法估测精子的活率，这种方法虽然较为简单，但主观性大、准确性低。利用血细胞计数板进行活率测定，虽然结果相对目测法准确，但是易受样本计数前精液的稀释和分析时间的影响；现在，利用计算机辅助精液分析技术（computer - aided of semen analysis, CASA）能快速、准确地获取精子的活率，还能分析精子的其他运动参数，如平均曲线速度、平均直线速度、平均路径速度、头部侧摆幅度、尾部鞭打频率、前向性及直线性等，求解出精子运动的轨迹，计算精子运动的各项参数。应用CASA进行精液品质分析重复性高，操作简便快速，结果准确性高。

精子存活时间指精子在体外一定的保存条件（稀释液、稀释方法、保存温度）下的总存活时间。精子存活指数是精子存活时间和活率变化关系的一个指标，其反映的是精子活力下降的速度。精子存活时间越长，活率下降越慢，精子死亡越慢，精子生命力越强，精液品质越好，说明稀释液和保存方法越合理。

(7) 精子质膜完整性　精子细胞质膜的功能涉及精子的新陈代谢、获能、顶体反应及精卵互作反应。精子细胞质膜缺损是精子细胞死亡的一个间接指标。精子细胞质膜是精子最容易受到破坏的部位，在进行精液稀释保存的过程中，特别是进行冷冻保存及解冻时，质膜很容易受到破坏。目前检测精子质膜完整性的方法主要有低渗肿胀试验法、常规染色法及荧光探针标记法。

（8）受精能力检测　受精是一个十分复杂的过程，它包括了精子的获能、精子与卵子透明带的结合、顶体反应、精子穿过透明带、精子质膜与卵子质膜的融合反应等。受精过程能顺利完成，也间接反映了精子质膜完整性的重要性，因为只有质膜完整的精子才能完成受精的一系列过程。精子与透明带的结合能力、精子穿越透明带与卵子结合受精的能力和其后胚胎的发育能力等，这些体外功能的检测能说明精子的受精能力。目前，主要通过透明带结合试验和体外受精试验进行检测。

3. 人工授精　输精量和输精标准。母马每次的输精量为 20 mL，每毫升精子数不得低于 0.5 亿个，一次输精直线前进运动精子总数不得低于 2 亿个。

（1）输精时间　如以直肠触摸卵巢为主，应在卵泡发育至成熟临近排卵时开始输精；如以 B 超检测为主，应在卵泡直径≥35 mm 且形状变得不规则时开始输精；如以阴道检查为主，则以黏液呈灰白色、黏稠性增强、感觉滑腻，并能拉出 1 m 多长的独头细丝时开始输精为适合；如以试情为主，应以母马有比较明显的性欲表现（急于求配、主动靠近公马、表现温驯、不愿离开等）时开始输精为宜。

（2）输精程序　输精时，配种员站在母马左后侧，左手拇指及食指分开阴唇，同时用左手其余手指背部及手背盖住肛门。

右手并拢呈锥状握住输精管，插入母马阴道探索到子宫颈口将输精管徐徐插入，如遇抵抗时必须稍停向后拉退一些，不要硬插，防止发生危险。

将输精管插入子宫颈内 10～15 cm 深处。以右手呈圆锥形固定好输精管和子宫颈口，然后助手竖起注射器，推动注射器的活塞将精液注入子宫内。

为保证输精管内充塞的精液全部注入子宫，在给输精注射器吸够定量精液后，可抽动活塞，注射器内留约 4 mL（不可过多）空气，输精时将注射器垂直，把活塞推到底后，空气即将管内精液全部压入子宫。输精后填写母马配种登记表。人工授精技术路线见图 4－4。

4. 妊娠检查

（1）直肠检查　输精后约 20 d，若母马受孕，通过直肠检查子宫可发现孕角基部和子宫体交界处膨大，同未孕角相比存在明显差异；可触摸到小而柔软的孕体，直径为 2.4～2.8 cm。第 25 天孕体膨胀，直径可达到 3～3.4 cm，在子宫角基部靠前的腹面能感触出来。

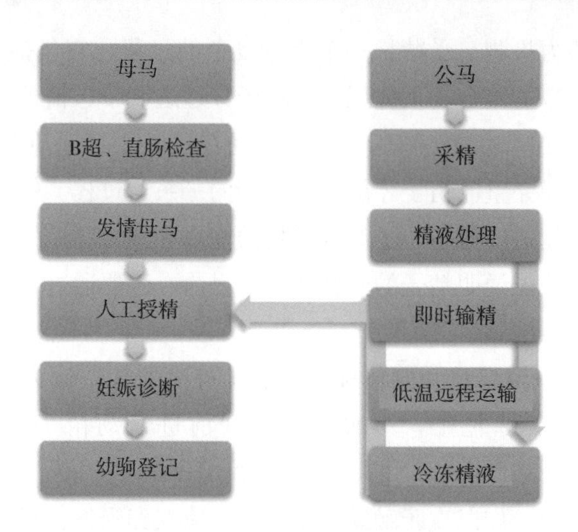

图 4－4　人工授精技术路线

（2）B超检查　使用B超检查母马的子宫及胎儿、胎动、胎心搏动等（图 4－5）。

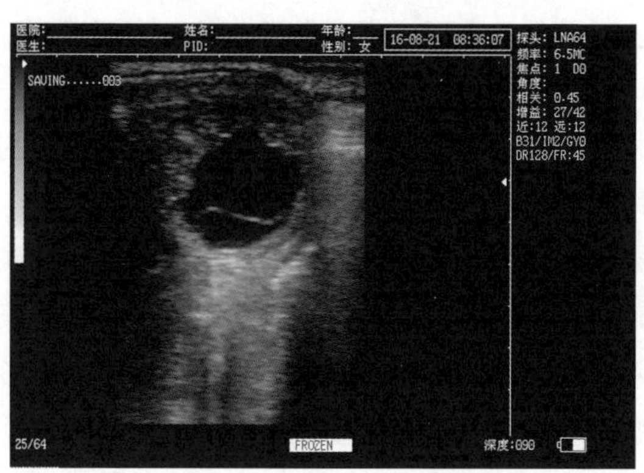

图 4－5　B超检查母马妊娠 28 d 图像

二、马精液保存研究进展

目前，马精液保存技术主要分为液态保存和冷冻保存两种。液态保存主要以低温保存为主，随着国内外马品种登记委员会允许使用低温和冷冻精液配种获得的幼驹进行登记，精液低温运输技术得到快速发展。低温保存技术可以保证马精液在短时间内（3～5 d）保持较高的活率，其受胎率与自然交配相近，故使用广泛。而马精液冷冻保存技术可以最大限度克服地域和时间的制约，长时间保存优秀种公马的遗传资源。但是其应用技术推广普及率仍远不如牛等家畜，主要的原因可能是很多优秀的种公马精液不适合冷冻保存、精液冷冻制作程序较为复杂、技术性较强、解冻后精子活力较低温保存精液低、人工授精受孕率较鲜精低等。

常温保存时，由于其温度不足以显著降低精子的代谢速率，因此精液保存时间较低温保存大大缩短。Province 等（1985）通过研究发现，就维持精子活力和受精能力而言，在15℃或20℃保存要优于5℃保存，但保存时间仅4～12 h。Varner 等（1989）将稀释后的精液在15～20℃下保存12～24 h，24 h后精子活力较5℃保存出现快速下降。近些年，随着成分确定的稀释液的出现，在常温下保存精液的时间，最高可达到48 h（Batellier 等，1998，2000，2001）。

低温保存有利于降低精子的新陈代谢速率，延长精子的存活时间。Vidament 等（1997）调查发现有较高比例的种公马（20%～40%）精液不适合冷冻保存。但精液低温保存技术的发展使精液可保存受精能力1～3 d并用于运输，依然引起了人们极大的兴趣。稀释的精液保持受精能力时间越长，技术人员越容易计算输精的时间。

马精液冷冻保存是一种在种公马精液中加入抗冻保护剂，再进行一系列处理，最后保存在超低温环境中（液氮、干冰）的技术。最早利用马精液进行冷冻保存的是 Smith 和 Polge（1950），而 Barker 和 Gandier（1957）最早利用马冷冻精液进行配种使母马受孕。我国早在20世纪50年代末期就开始进行有关马精液冷冻保存的研究，并且取得了较好的成绩（克山种马场，1959）。20世纪80年代，随着阿拉伯马、夸特马、美国花马等品种登记组织允许使用冷冻精液配种出生的幼驹登记，使得马精液冷冻保存技术得到快速发展（Alvarenga，2005）。

研究人员以德保矮马公马为研究对象，首先，通过采集并分析不同季节德保矮马的精液品质，掌握德保矮马精液品质的季节变化规律，以指导冻精生产及德保矮马的繁育；其次，通过研究基础配方、选择优化冷冻剂、寻找替代营养物质、添加维生素等，从多方面优化德保矮马精液冷冻稀释液配方，以期获得高品质冻精（表4-4）；再次，通过人工授精试验，验证冻精在实际生产应用的可行性，使之广泛应用于德保矮马的繁育生产，以期迅速扩大德保矮马数量，充分保障保种和育种工作的需要（郑自华，2012）。

表 4-4 德保矮马精液冷冻稀释液建议配方

乳糖 (g)	葡萄糖 (g)	柠檬酸钠 (g)	卵黄 (mL)	DMF (mL)	维生素 E (g)	每 100 mL 青、链霉素 (万 U)
7.2	3.6	0.4	5.0	5.0	0.06	10

（1）德保矮马精液品质呈现季节性差异。德保矮马春季精液品质最好，且精子活力高、畸形率低，其次是冬季、秋季；虽然夏季矮马射精量最大，但是活力低、密度小、畸形率高，精液品质差。建议在春季进行冻精的生产制作和保存，以便能获得较好的精子冻后品质。

（2）在德保矮马精液冷冻稀释液中添加浓度为 5%的 DMF 能够明显提高精液冷冻效果。

（3）德保矮马精液冷冻稀释液中不宜用大豆卵磷脂替代卵黄。

（4）在稀释液中添加适量的维生素 C 和维生素 E 有助于精子冻后活力、顶体完整率的提高，并可延长精子体外存活时间。

（5）受多方面因素影响，冷冻精液虽能使德保矮马母马成功受孕，但受胎率明显低于其他品种的马。

第三节 品种登记

一、登记规则

品种登记规则的制定为广泛开展和普及登记工作提供了依据。规则内容主要包括登记资格、登记类别、登记申请人、登记审验、登记事项等。

（一）登记资格

在中国马种质资源登记管理系统中进行登记的德保矮马必须是德保矮马母马和公马的后代。

（二）登记类别

登记类别包括幼驹登记、命名登记、种用登记。

（三）登记申请人

马匹登记申请人必须是现任马主或合法代理人；马匹为团体所有（所有权

为一人以上）时，团体或法人为登记申请人。在提交登记申请报告中注明法人或团体名称。

（四）审验

马匹登记必须由登记审核人进行审验。中国马种质资源登记管理机构确定登记审核人。

（五）登记事项

登记事项包括：马名、性别、毛色、特征、标记、出生年月、出生地点、双亲、登记日期、登记编码、育马者和马主的姓名、地址以及种用马匹繁育记录等。

二、幼驹登记

由马主根据登记规则在线填写马匹信息，并提交申请。幼驹出生后两个月内提交幼驹登记申请表，最迟为幼驹出生年 12 月 31 日之前。

（一）基本信息填报

在系统中完成幼驹基本信息的填报。

马名（中文）：最长为 10 个字符（一个汉字为 2 个字符，一个数字为 1 个字符），包括汉字和数字，不能含有标点符号。

马名（英文）：最长为 20 个字符（一个字母为 1 个字符），包括字母和数字，不能含有标点符号。

毛色可根据登记系统中选项进行选择，毛色一栏选项中无的选择“其他”。

（二）系谱信息填报

在系统中进行系谱信息填报。

（三）外貌描述

马匹外貌描述记录有一定的规律，世界通用，其主要标记见表 4－5。

表 4-5　马匹外貌描述主要标记

序号	特征	图示
1	旋毛	×
2	羽状旋毛	×——
3	印记	↑
4	暗章	△
5	白斑	红线并排描画
6	肉斑	红色

（四）照片

上传四张彩色近期照片，其中包括左侧、右侧、前观、后观照片各1张。侧面照必须将马的整个躯体照全，并保证马四肢蹄部分开，即近拍侧前后两肢稍开张，对侧两肢稍收拢，四肢负重，马的躯体占照片内容的80%左右。

（五）幼驹登记审验

登记审核人做如下审验：

（1）幼驹6月龄时对其进行个体识别，以绘图及文字进行毛色、性别、特征（烙印、白毛、旋毛……）描述。

（2）幼驹满周岁时再次进行毛色、性别、特征（烙印、白毛、旋毛……）确认描述。

（3）审验通过后进行现场登记。

（六）现场登记

1. 外貌审核　根据已提交信息与照片对马匹身份进行现场确认，并检查已填写外貌描述信息是否准确。

2. 采血　马匹身份核实后进行采血（抗凝血）。

3. 实验室检测　对已采集样品进行血型、DNA测定，将结果与父母的信息进行比对分析，DNA亲子鉴定通过后可登记。

4. 证书颁发　对登记的幼驹颁发登记证书（图 4－6）。

三、种用登记

已进行幼驹登记满 3 周岁的成年马。

（一）提出种用登记申请

在系统中向登记机构提出种用登记申请，提交登记信息。马匹作种用时，原则上在计划初配日 30 d 之前申请。信息提交审验后不可更改。

（二）种用登记审验

登记机构根据提交的种用登记信息进行初步审验。

审验通过后登记机构进行种用登记备案，登记马匹具有种用资格，后代可进行幼驹登记；不通过的信息将被退回进行修改。

（三）现场登记

现场登记操作过程和步骤同"幼驹登记"。登记机构对种用登记的马匹进行备案，制作并颁发登记证书。

四、护照和证书

德保矮马已进行登记鉴定的要给予身份证书和护照。身份证书是证明身份的法律文书，护照是在身份证书基础上的终生身份证书。护照实行全国统一的个体编号系统，编号系统由 13 位字母和数字构成，编号规则为：前两位用英文大写字母表示品种（由农业农村部统一认定），第 3 位用数字代表畜种（1 代表马、2 代表驴），第 4～7 位表示出生的公元年份，第 8 位至 13 位表示本年度个体登记顺序号（系统中品种登记顺序）。

保护场、区编号规则：第 1 位用数字代表畜种（1 代表马、2 代表驴），第 2 至 3 位用英文大写字母表示省份的拼音或英译的缩写或简写，第 4～11 位表示系统中注册顺序号。

登记证书上包括基本信息、特征描述、系谱记载及运动记录和疫病防治等情况，如图 4－6 所示。

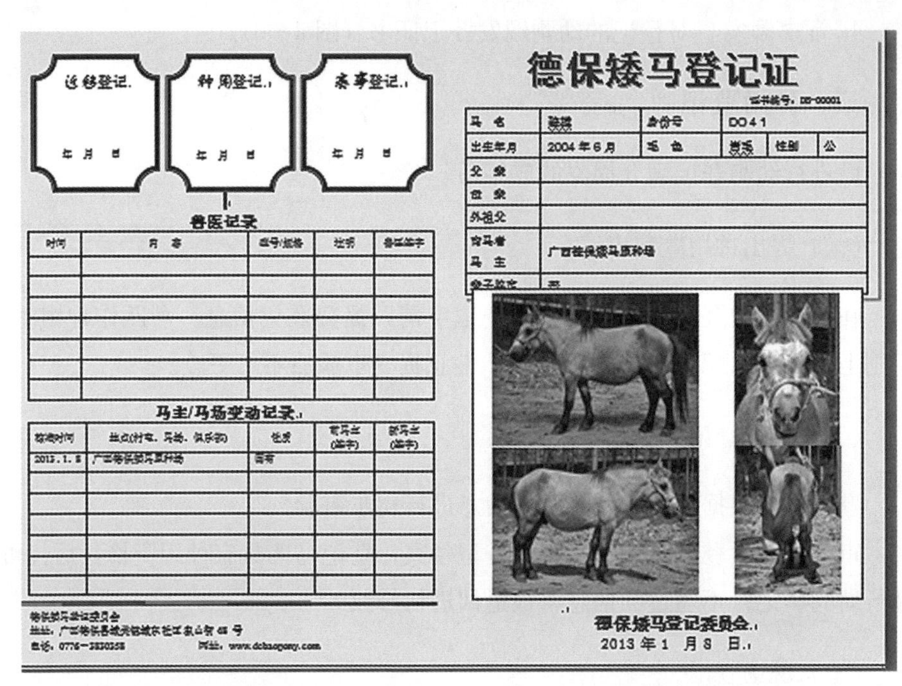

迁移登记

年 月 日

种用登记

年 月 日

赛事登记

年 月 日

德保矮马登记证

证书编号：DB-00001

马名	骏雄	身份号	DO41		
出生年月	2004年6月	毛色	[illegible]	性别	公
父系					
母系					
外祖父					
育马者 马主	广西德保矮马原种场				
亲子鉴定	无				

兽医记录

时间	内容	批号/规格	注明	兽医签字

马主/马场变动记录

移动时间	地点(村屯、马场、俱乐部)	性质	前马主(签字)	新马主(签字)
2013. 1. 8	广西德保矮马原种场	[illegible]		

德保矮马登记委员会
地址：广西德保县城关镇城东社区[illegible]号
电话：0776-[illegible]　网址：www.dcbaogony.com

德保矮马登记委员会
2013年1月8日

马匹特征描述图

马匹特征描述

头		
颈		
左前肢		
右前肢		
左后肢		
右后肢		
躯体		
其他		

鉴定时间 2013. 1. 8　鉴定地点 德保矮马原种场　鉴定者 [illegible]

生长性能（成年体尺）

单位：cm、kg

测量时间	体高	体长	胸围	管围	体重	备注
2013. 1. 8	86	85	115	12		

成绩记录

时间	测试(活动/赛事)名称	地点	场次	级别	成绩	名次	签字
2010. 11. 21	首届德保矮马选拔赛	德保			获"矮马王"称号	1	

图 4－6　德保矮马马王“骏雄”登记证书

五、登记信息管理系统

利用中国马种质资源登记管理系统（图 4－7 和图 4－8），对广西德保矮马登记的马匹进行年度统计和繁殖统计（表 4－6 和表 4－7）。

图 4－7　系统登录界面

中国马种资源登记管理系统　系统首页　马场管理　办公OA　帐号：德保矮马保护区　身份：马场主　注销

功能列表：马匹管理　马房管理　繁育管理　治疗免疫　测试赛事　登记申请　信息统计

当前位置：马匹管理　刷新　后退　前进

马匹列表　★ 点击编号，查看马匹详情　添加马匹

序号	登记编号	场内编号	中文名	英文名	状态	品种	性别	毛色	出生日期	父名	母名	系谱	管理
1	DB00000270	do 4 1	骏雄		未登记	德保矮马	公	青毛	2004-8-6			查看	删除
2	DB00000240	DO520			未登记	德保矮马	母	骝毛	2005-6-9			查看	删除
3	DB00000239	DO923			未登记	德保矮马	公	骝毛	2009-5-11	狼孩		查看	删除
4	DB00000238	DO922			未登记	德保矮马	母	褐骝	2009-10-6	骏雄	DO55	查看	删除
5	DB00000237	DO1214	狼孩	LANG HAI	未登记	德保矮马	公	褐骝	2012-9-11			查看	删除
6	DB00000236	DO1213			未登记	德保矮马	母	骝毛	2012-5-7			查看	删除
7	DB00000235	DO1021			未登记	德保矮马	公	褐骝	2010-7-7			查看	删除
8	DB00000234	DO921			未登记	德保矮马	母	骝毛	2009-5-12			查看	删除
9	DB00000233	DO0920			未登记	德保矮马	母	骝毛	2009-4-7			查看	删除
10	DB00000232	DO1122			未登记	德保矮马	公	骝毛	2011-9-7			查看	删除

首页　1　2　3　4　尾页　1/7　记录：67　跳转

图 4－8　系统登录界面

应用中国马种质资源登记管理系统，对系统内德保矮马进行年度统计和繁殖统计的结果见表 4－6 和表 4－7。

表 4-6　德保矮马年度统计

年份	种公马	种母马	育成公马	育成母马	幼驹	其他	死亡	合计
2013	14	31	12	8	0	0	1	66
2014	8	15	6	13	0	0	0	42
2015	12	19	10	6	0	0	0	47

表 4-7　德保矮马繁殖统计

年份	配种公马	配种母马	活驹		合计
			公驹	母驹	
2013	14	25	3	2	44
2014	16	32	5	8	61
2015	22	38	8	6	74

第五章 德保矮马饲养与管理

第一节　饲养管理

德保矮马具有体小、食量少、耐粗饲等特点。当地群众乘马赶集，常常从家里带把稻草、麦秆之类喂马，不需补充任何精饲料。德保矮马历来都是以户养为主，管理粗放，一年中，自9月至次年2月为全天放牧，当年3～8月份为半放牧，个别割草舍饲。有的与牛混放，有的用绳子系在田头地边，或拴在房前屋后，或拴在荒坡上，一天轮换一两个地方，任其采食野草，予以饮水即可。

一、饲草饲料

德保矮马很耐粗饲，以饲草为主，能量饲料和蛋白质饲料为辅，粗饲料最好充分利用当地农作物秸秆、农副产品等饲料资源，适当添加矿物质、维生素添加剂。在德保矮马主产区，农户常用的能量饲料是玉米、甘薯等，蛋白质饲料主要是黄豆。饲草饲料应该做到多样，搭配科学合理。

德保矮马原种场饲草品种以桂牧1号（鲜草）为主，还有羊草（青干草）、苜蓿、玉米秸、青贮等。饲料主要原料包括玉米、豆粕、大麦、高粱、骨粉（或石粉）、麸皮等。添加维生素A、维生素D、维生素E、硫胺素、核黄素等，矿物质钙、磷、钠、钾、铁、锌、锰、钴、硫、碘、硒、铜等。

要求饲草饲料无污染、无霉变、无有害杂草。饲料加工时须按德保矮马不同用途调制饲料原料配比。

二、不同阶段的饲养管理

德保矮马的饲养管理，要根据种马、妊娠马、幼驹和育成马不同的生理特点，在饲养管理时区别对待。下面以德保矮马保种场的饲养管理要求为例，进行具体介绍。

（一）种公马的饲养管理

德保当地群众没有专门饲养种公马配种的习惯。养公马的人家不愿让公马配种，怕精力消耗，影响乘驮能力。故母马发情配种多属放牧地“偷配”，其所生小马驹，人们称之为“偷驹”。由于当地群众对选种选配工作认识不足，一般只求有马驹就行，对种公马一般不进行选择。德保矮马种公马不使役时，很少补料，只白天放牧，晚上补些夜草。在劳役时一般一匹马每天补给 1～1.5kg 玉米。

德保矮马保种场种公马的饲养管理要求较为严格，要求坚持做到：①两定，即定时、定量。定时：公马每天固定时间饲喂，不随便变更，每天喂 4～5 次；定量：根据马平时胃口大小，确定每日及每次最适宜的草料喂量。②三勤，即勤喂、勤饮、勤休息。勤喂：一次拌草不可太多，给草要少给勤添，给料时要由少到多，要先给草后给料，饿不急喂；勤饮：饮水不足会影响消化，一次饮水量过大会影响吃草量，供水时注意水的卫生及温度，出汗时不饮水，空肚子不饮水，渴不急饮；勤休息：不要过度配种（采精）。③五知，即知冷、知热、知饥、知饱、知力量大小。知冷：天气凉了要做好防寒保温工作；知热：天气热时，打开厩内门窗，通风换气，防止闷热；知饥、知饱：要掌握公马每天采食量，确定其是否吃饱；知力量大小：在安排骑乘时要知道马能载多重的人。④六净，即水净、草净、料净、槽净、厩净、马体净。水净：饮水要干净，常清洗水槽（桶）；草净：草中无碎铁、土块等杂物；料净：料中无砂石、土块等杂物；槽净：保持饲槽洁净，防止饲槽内剩草腐烂，减少病菌繁殖；厩净：及时清粪，清理尿湿、结块的垫料；马体净：进行马体的刷拭和抠蹄，保持公马清洁。

1. 种公马非配种期饲养管理　对于非配种期的种公马除青草和干草的饲喂量保持不变外，其他精饲料和矿物质饲料、维生素等，有的应减量，有的应停喂。例如，钙粉、食盐比配种期减半，鸡蛋、胡萝卜等可以停喂。减少精饲料喂量（可减少到原来的1/3～1/2），给予燕麦、麸皮等易消化的饲料，增加玉米、青草等青绿饲料。加大运动量，增强体质。以每天运动1～2 h为宜，膘情略有下降也无妨，只要保持在八成膘左右就可以。除饲喂、刷拭、运动时间外，有条件时应把公马放在宽敞的运动场内让其自由活动，有助于马的健康。

2. 种公马配种前期饲养管理　配种前期饲养管理是决定公马配种能力的关键时期，饲养管理好坏直接影响母马受胎率。所以为了保证顺利完成配种任务，在45 d内要使膘情达到八九成。饲养上要注意蛋白质和维生素的供给，逐渐增加精饲料喂量，减少粗饲料比例，适当给予豆饼、胡萝卜、大麦芽、微量元素等，既能补充维生素又能调节胃肠功能。

（1）管理方面要注意运动量的掌握　一般情况下，要适当降低运动强度。配种前一个月，可每日骑乘2～3 h。但对体况较好的马，则需要加强运动，以避免因运动量不足身体过于肥胖而降低配种能力。

（2）配种准备期的精液品质检测　改善饲养对精液品质的影响一般需要经过30 d以上才能见效。因此，在配种准备期即配种前30～45 d，开始测定精液品质，以评定种公马的配种能力。根据历年配种成绩、膘情及精液品质等，做出年度使用计划。配种前1个月对每匹种公马进行细致的精液品质检测，方法是分3次，每次间隔约1周，每次隔日采精1次，各采精3次，进行精液检查。如达不到标准，要查明原因，及时改善饲养管理。经10～15 d后再检查一次，直到精液合乎标准为止。

（3）配种准备期采精调教　对所有种公马（尤其是第一次参加配种的青年种公马）必须做好交配或采精的训练工作，以免发生拒绝交配、不射精等现象。对有恶癖（如踢人、咬人）或性情暴躁的种公马要细心调教和纠正，使其习惯交配或采精。某些性功能衰退（如阳痿、射精困难等）是由多种原因引起的，如营养不良、缺乏运动、交配过度、假阴道温度过高或过低等，要查明原因，加以纠正。平时接触马要温和耐心，特别对易兴奋的公马更要注意，决不可粗暴。粗暴的管理，只能抑制公马的性反射机能，造成精液品质下降，有时还会引起恶癖。

3. 种公马配种期饲养管理　配种期种公马一直处于性活动的紧张状态，体力消耗很大，必须保持饲养管理工作稳定，不要随意改变日粮、运动量和饲养程序，但日粮中精饲料的组成要每20 d调整一次，以增进马的食欲。

种公马饲草最好选用优质的禾本科和豆科混合干草，青草期可用青割饲草代替部分干草，但饲喂量不可过多。为了防止马腹过大，影响采精，青、粗饲料应限量喂给，并及早喂给野草、野菜、嫩枝叶、胡萝卜、大麦芽，不但可提高适口性，且可补充维生素和蛋白质，有利于精子形成。每日饲草喂量（干物质）为体重的2.5%。

精饲料可以玉米、豆饼（或豆类）、燕麦、大麦、麸皮为主，配合要尽量多样化。对任务繁重的种公马，日粮中可加入适量的鸡蛋等动物性饲料，更能提高精液品质。在配种期，实行隔日采精或配种任务不大的公马，饲料喂量不要过多。要注意观察公马的采食和消化情况，必要时加以调整。

配种期种公马的饲养标准，以精饲料为主，纤维素在25%以下。由于每形成1mL精液需30g蛋白质，因此配种任务大的公马应饲喂动物性蛋白质饲料如鸡蛋等并补充矿物质、维生素。日粮标准是饲草53%，精饲料45.5%，添加剂1.5%，其中，粗蛋白占日粮的16.7%。为了提高精液的品质，应当给种公马饲喂品质良好的禾本科、豆科干草；有条件的地方可喂青刈饲草（如苜蓿）以代替部分干草。

配种期种公马日粮配方为：玉米25%，豆饼35%，大麦13%，燕麦20%，麦麸5%，添加剂2%，胡萝卜、大麦芽、鸡蛋、食盐适量。每日饲喂量1.5～2kg。

配种期管理要使种公马保持适当而有规律的运动，每日运动时间不少于2h，运动方式为打圈、牵遛、骑乘等，运动量以微汗即可。运动时要快、慢步相结合，先慢，中间快慢结合，最后以慢步结束。以马耳根、肩部和鞍垫部位出汗为度。每次运动结束前20min，应以慢步回厩。出汗未干时，不揭鞍，汗消后卸鞍，搓揉公马四肢腱部，加强刷拭。如有特殊情况不能运动时，必须减少精饲料喂量1/3以上。种公马均衡的运动是提高性欲和改进精液品质的重要措施，千万不可忽轻忽重。在营养充足的条件下运动不足，易使公马过肥，体质虚弱，甚至发生阳痿。生产实践证明，日粮、运动和采精（或配种）三者要密切结合。配种初期，运动量要稍大些；配种旺季，应改善日粮的品质，运动量稍减；天热时要在早晚运动；老龄种马要减运动量，可进行放牧或逍遥运动。过于肥胖的种公马要适当减少精饲料，控制干草喂量，逐渐增加运动量，使其达到中等以上膘情。

配种期需经常用湿布（水温25℃）擦洗并按摩睾丸，天热时用温水（25～

35℃）擦洗马体或淋浴，可提高精液品质。要加强防疫，严禁外来人员接触公马。

德保矮马配种期种公马作息时间见表5-1。

表5-1　德保矮马配种期种公马作息时间

时　间	饲养管理内容
5：00～6：00	饮水、饲喂
6：00～7：00	清扫马厩、测体温
7：00～8：00	采精（配种）
8：00～10：00	运动、日光浴、刷拭、护理
10：00～11：30	饮水、饲喂
11：30～15：00	午休
15：00～17：00	运动
17：00～18：00	休息
18：00～19：00	饮水、饲喂
22：00	投草、值夜班

4. 种公马饲养管理注意事项　德保矮马种公马的饲养管理必须要针对个体进行，要按照体重、体况等决定喂量和运动量多少。保种场舍饲情况下比较容易做到，但在放牧情况下比较困难。

保种场定期对种公马进行评定。每个月都要称量体重，如果没有地秤，可用胸围和体长来估测。还要定期进行体况评分。

种公马精饲料每日分2次饲喂，早晚各1次，饲喂时间固定，以减少饲养不善引起的疾病和啃槽恶癖。变更种公马饲料要有过渡期，要仔细观察种公马的采食情况，并做好记录，发现问题及时处理。

处理好营养、配种和运动三者的关系。配种增加，营养需要增加，运动量要适宜；配种减少，营养供给应减少；营养增加，配种不增加，运动量要增加。

（二）种母马的饲养管理

在德保矮马产区农村，空怀期种母马白天主要以放牧为主，晚上进行补饲；要加强母马运动，多晒太阳，以补充维生素的不足。配种母马合适的体况是中上等膘情。在产区农村更为多见的是使役过重的母马，体弱、乏瘦，卵巢萎缩。通过减轻劳役并增加营养的方式，使母马保持中上等膘情，以保证正常发情配种。

1. 种母马空怀期饲养管理　在德保矮马保种场，空怀母马以圈养舍饲为主，配合场内适当放牧运动。其粗饲料以优质象草类、柱花草、苜蓿类等为主，适当饲喂精饲料。精饲料配方为：玉米52%、豆粕25%、燕麦10%、麦麸8%、矿物质5%。

2. 种母马妊娠期饲养管理　妊娠期以保证母马本身的营养需要、胎儿的正常发育及产后泌乳的营养需要为原则，重点是增加胡萝卜、马铃薯和甜菜等富含钙、磷、维生素的饲料。妊娠前3个月，日粮消耗量少，精饲料占日粮的比例为20%，饲草占日粮的80%。妊娠4～8个月，每日补饲0.5～1 kg精饲料，增喂优质青干草。有条件的地方可以在沟渠两岸、路边草地放牧，尽量让马多吃些青草。妊娠9～11个月，胎儿的生长速度最快，胎儿体重的60%～65%是在最后90 d内形成的，母马每日可增重0.4 kg。此期母马食欲显著增强，营养需要很多。母马日粮蛋白质含量不低于12%，同时根据母马的膘情，精饲料应为日粮营养总需求的25%～35%，即一匹150 kg体重的德保矮马母马，每天应喂0.7 kg以上的精饲料。分娩前10～15 d，要逐渐减少饲料喂量，停喂豆科牧草和易发酵饲料。接近临产的1～2 d，饲喂量可减到平时的一半。

妊娠母马要每天坚持运动，体脂过多，子宫扩张受限，胎儿营养吸收也受限制。孕马运动量小，机体新陈代谢降低，常发生下腹部及四肢等部位浮肿，对胎儿和新生驹的体质有不良影响；生产时困难，子宫不易复原，不利于以后受胎。因此，完全休闲的孕马，每天至少应有2～3 h的运动。妊娠前期可以正常运动或使役，但最好专人专管，强度要适中，防止出猛力。妊娠后期减少运动量，产前20 d可做自由慢步运动。

母马流产多见于非传染性流产，其中多以饲养和损伤为主。如日常管理不当，对马不耐心，粗暴对待，马受惊、狂跑、跳沟坎、踢咬、撞挤或滑倒，暴饮暴食，吃发霉或有毒的饲料，长期过劳，劳逸不均，都可能引起流产。此外，受寒冷刺激，便秘或腹泻，严重外伤等疾病也可能造成流产。流产多见于妊娠前1～6个月，青年母马更易流产，冬春季气候变化明显时也易发生流产。因此，对孕期母马精心饲养和管理尤为重要。

德保矮马妊娠期预防流产的主要措施：定期注射马流产沙门氏菌病和马鼻肺炎疫苗；禁用发霉饲草饲料，不饮污水或过冷水；保持营养均衡，在日粮中添加青绿饲草、胡萝卜等；淘汰易流产的母马；适宜运动、使役，不造成损伤性流产。

3. 种母马哺乳期饲养管理　哺乳母马要饲喂优质的牧草或干草，哺乳初期喂0.5～1kg小麻籽（炒熟后压碎），对提高母马泌乳量有显著效果。精饲料中豆饼可占25%～30%、麸皮占10%～15%，其他为玉米等。为了提高产奶量和品质，不可缺少多汁饲料。最好饲喂胡萝卜、饲用甜菜及其他青绿饲料。夏季要充分放牧，每天补喂精饲料1～2kg。供给充足饮水，要勤饮多饮。要给足食盐，每天按每百千克体重给15g。补充钙质。一般在产后20d开始做轻度运动，如短时间打圈或使役，逐渐转入中度运动。严禁分娩后两个月以内的哺乳母马进行高强度运动或重度使役。

（三）幼驹饲养管理

德保矮马1～6月龄为幼驹期，这一阶段的饲养管理决定马驹成活率的高低。幼驹出生3d内，要做好防寒保暖。如果天气好，可让幼驹随母马到户外运动。幼驹随母马哺乳，初乳营养丰富，含有大量的免疫球蛋白和易于消化的白蛋白，让马驹及时吃上初乳极为重要。产后1周左右，因马驹体弱和抗病力不强，一般不远行。幼驹产后10～15日即能随同母马吃一些饲料，可以尽早开始补饲训练，用玉米、小麦、小米按1∶1∶1混匀熬成稀粥，加少许红糖，喂量要少，一般只作诱食。精饲料喂量从每天每匹10g开始，以后逐步增加。到22日龄后喂混合精饲料每匹80～100g，其配方为：大豆粕（豆饼）52%、玉米28%、麦麸18%、食盐1%、多维和矿物质1%。1月龄每匹马日喂100～200g，2月龄每匹马日喂500～1 000g。幼驹补饲以单槽为好，以防母马争食，时间上应与母马同步。

德保矮马调训月龄越小越易成功。一般于出生后2周即可开始。首先与幼驹接触，轻声呼唤的同时轻挠其臀部。对于胆小躲避人的马驹，以左手搂其前胸，防止前窜，右手轻挠身体，每天反复几次，数日即可习惯。然后由颈到肩、背、四肢等各部位顺序触摸（包括摸耳尖和翻眼睑），直至触摸任何部位马驹均不躲避为止。

（四）育成马饲养管理

幼驹满6月龄后进入育成马阶段，6～30月龄为育成马阶段。这一阶段是矮马全面生长发育的时期，马驹日粮应以优质青饲料为主，农区散养的矮马应选择有鲜嫩天然牧草的地方放牧，保种场的马驹给予新鲜牧草为主的日粮，晚上补饲“夜草”和精饲料。精饲料参考配方：黄豆 48%、玉米 30%、麦麸 20%、食盐 1%、高钙多维等矿物质 1%。每匹日喂 1～1.5 kg，以保证马驹肌肉骨骼生长发育的营养需要。

6 月龄后人工强行隔离断奶，当地俗称“六马分槽”。幼驹由母乳营养和母马管护变为独立生活，是出生以后生活方式的重要转折。断乳驹可能会烦躁不安甚至拒食，要加强管理，昼夜有人值班。此时最好在群内放入数匹性格温驯的老母马或老骟马与幼驹做伴，可起安抚作用。马驹按照体格大小分槽饲喂。断乳后每日喂 4 次以上。运动场内设水槽、盐砖，供马驹饮水、舔食。幼驹必须要经常运动，运动时间和强度在较长时间里保持稳定。所有马驹都要有追逐运动，每日距离 6～10 km。断乳后，应适时进行分栏、烙印、称重、量体尺等，形成制度，按时进行。

6～12 月龄幼驹骨骼生长很快。此期幼驹消化能力有了较大提高，在保持蛋白质比例的同时，应适当提高饲草和添加剂的含量，分别由 50%、3%提高到 56%和 10%；总采食量（干物质基础）可仍按照每 100 kg 体重给予 2.5 kg 定额。

要经常刷拭断乳驹，重复哺乳期的驯育和调教。每月削蹄 1 次，以保持正常蹄形和肢势。

给马驹削蹄举肢时饲养员面向驹体后方，用肩向对侧轻推驹体，使其重心移向对侧肢，再将蹄举起，用蹄钩或刷子轻轻敲打蹄底、蹄壁，为削蹄做准备。

马驹养到 1～1.5 岁时开始装笼头调教。运动和驯致是这个阶段管理工作的重点。开始调教时每天运动和训练时间要有 2 h，调教程度随用途决定。德保矮马有较强的模仿性和驯服性，平时随母马出门使役过程中，可接受小孩骑乘，温驯近人。如调教驮运要注意方法，先轻后重、先近后远，使之逐步适应外界环境，到 2.5 岁以上可正式驮运、独立远行。

对幼驹的调训必须持之以恒、循序渐进，耐心温和地对待幼驹。切忌过于急躁、态度粗暴，这将使幼驹变得更加胆小执拗，增加调教难度。

马驹在 1～2 岁期间，饲养管理方法基本相似。随着马驹月龄和体重增长，需要增加饲料量。但精饲料给量比例逐渐降低，增加的饲料以多汁料和粗饲料为主。日粮蛋白质的浓度不能降低，应保持在 15%～16%，逐渐减少精饲料的投喂。在非训练状况下，精饲料由12月龄的30%左右降低到24月龄的15%。

舍饲期不应给予过多的精饲料，以优质青干草、特别是豆科干草最好。青贮玉米（饲喂需训练）也是冬春季节马驹的良好饲料，每天喂3～5 kg可获得胡萝卜素50～100 mg。总之，粗饲料和多汁料是舍饲马驹饲料的基础；保证蛋白质、维生素供给是马驹生长发育的关键。

德保矮马饲养管理要注意根据马匹运动强度、膘情和体质进行，对个别体质较弱的马匹，要精心护理，增加饲喂次数、少量多次。要保证粗饲料、精饲料的品质。保证供给充足清洁的饮水。要定期进行马体刷拭、抠蹄、修蹄、钉蹄、洗浴等。马厩应每天清厩一次，保持厩内干燥，以清扫为主，减少用水冲洗的次数。圈舍及周边环境要定期消毒。厩床上铺垫10～15 cm厚的锯末、刨花或稻草等垫料。厩舍周围应避免噪声，尤其是在马匹采食和休息时间。

第二节　生产管理

马场的生产管理工作要根据马场类型开展，散养马场或规模舍饲马场的生产管理有所不同。本节主要介绍德保矮马保种场的生产管理。

一、马场例行工作

（一）每日例行工作

以德保矮马保种场为例，每日例行工作见表5-2。

表5-2　德保矮马保种场每日例行工作

时　间	例行工作内容
4：30—6：30	饲喂和饮水
6：30—8：30	马匹运动，清圈
8：30—10：30	日光浴
10：30—12：00	饲喂和饮水
12：00—14：00	午休
14：00—14：30	饮水

（续）

时　间	例行工作内容
14：30—16：00	运动
16：00—16：30	清理刷拭
16：30—18：00	饲喂和饮水
18：00—22：00	休息
22：00—23：30	饲喂和饮水
23：30—4：30	休息
8：00—10：30 （繁殖配种季节）	种公马和繁殖母马 采精、输精、发情 鉴定、妊娠检查等

每日例行工作之外的其他工作有堆肥，院落清扫、除草，清理水槽、食槽，检查散养马匹、草场、水槽和围栏，其他维护工作。

（二）每周例行工作

周一打扫院落，清理环境卫生。检查场地和围栏，疏松、平整训练场地。检修车辆。

周二清理排水沟和排水管，检查急救和防火设备，检查照明设备，检查其他固定设备。

周三清理马具房，整理马具，清洗梳理工具，清洁马笼头，修理鞍具、绑腿等，擦洗马房水槽和料槽。

周四清理料库。准备饲料，加工调制，写出饲料清单。检查草库安全，查看饲草码放和使用情况。

周五打扫教学、接待场所、办公室等，清扫卫生间。检查马房日记，记录驱虫、免疫、治疗和护蹄情况。检查周末人员安排。

周末根据安排举办青少年马术、马球展示、比赛等活动。

（三）每季度例行工作

1. 马匹检查　检查牙齿及驱虫、疫苗注射等情况。检查马匹体况训练、参加赛事等情况，每月护蹄、修蹄，马匹配种、接驹、断乳、整群和出售等情况。

2. 马厩维护　疏通水道和做好房屋防水。检查电路、检修管道。马厩维护、清扫和消毒。防鼠、防火设备检查。

3. 设施维护　检修维护围栏、道路。检修维护林地、跑道、比赛场或训练场，检修更换警示牌。检修水槽、草架。清理壕沟，疏通排水系统。检修大门。检查运输工具等。

4. 草地维护　划区轮牧。干旱天耙地，适时翻地。清除杂草，必要时轻耙草地。土壤分析，施肥，割草等。

5. 管理工作　资料登记整理分析，财务管理，营业收入及分配，税后工资发放，编制预算，做季度采购计划等。

二、马场制度与计划管理

（一）规章制度建立

德保矮马保种场建立了完善的规章制度，其他马场或俱乐部，可以借鉴。规章制度主要包括生产管理制度、计划工作制度、市场营销制度、安全管理制度等。

1. 生产管理制度

（1）饲养管理制度　不同性质的马场有不同的饲养管理制度，包括分群饲养（放牧）制度和科学饲喂制度两个方面。按各类马匹不同生长阶段、不同用途、使用强度及健康情况对营养的不同要求，科学配制日粮，选择科学的饲喂方法，使马匹每天得到合理的营养。

（2）良种繁育制度　德保矮马保种场根据保种选育实施方案目标确立马匹繁殖计划，建立良种繁育体系，健全良种繁育系谱档案和登记制度，定期进行检查和评价。

（3）卫生防疫制度　卫生防疫制度深入贯彻“防重于治，防治结合”的方针，建立了一整套综合性预防措施和制度。主要包括：建立疫病报告制度，实行专业防治与群防群治相结合；重点预防群发病，即传染病、代谢病、中毒病；坚持马匹检疫和驱虫制度，防止疫病流行；定期进行环境清扫、消毒和卫生检查工作（参见本章第三节“安全与保险”相关内容）。

2. 技术管理制度　包括驯教技术、繁殖登记技术、测试鉴定技术、兽医诊疗技术、设备使用和维修、技术资料管理等各项工作的制度。

3. 计划管理制度　规定单位各级、各部门在计划工作中的职责范围、计划工作的程序和方法、计划执行情况的检查与考核、原始记录和统计、各种计划的制订等内容。其中制定出合理的计划是重点（参见“马场计划管理”）。

4. 其他管理制度　如市场营销制度、人力资源管理制度、物资供应管理制度、财务管理制度等。

小型马场或马术俱乐部，制度可简化，但基本内容应都具备，应建立规范管理的程序。

5. 制度实施　要结合经济责任制，按照责、权、利相结合的原则分解工作，同时注意加强马场文化建设，培养马工敬业精神；注重马工培训工作，提高马工的技术业务素质，使他们能够掌握执行规章制度所必需的技术、知识和能力，正确地按制度要求办事；检查考核与奖罚相结合，不断改进和完善制度。对于那些已不能起到推动马场管理工作和提高经济效益的内容和条款，要及时予以修订，始终保持马场规章制度的先进性，是马场经营管理者的一项重要工作。

（二）马场计划管理

一般来说，按编制计划的期限划分，主要有三种形式：长期计划、年度计划和阶段计划。它们各有不同的作用，但又相互联系、相互补充，共同构成马场的计划体系。

1. 长期计划　长期计划又称长期规划或远景规划，是对马场若干年内的生产经营发展方向和重要经济指标的安排。如马场规模和发展速度计划、品种改良计划、土地（草原）利用规划、基本建设投资规划、马工使用规划等。长期计划通常为期 5 年、10 年或 10 年以上，有的马场的长期计划做到了 20 年。

2. 年度计划　年度计划是按一个日历年度编制的计划。要根据马场的长期计划，结合当年的实际情况，制订本年度的计划。年度计划的主要内容包括：土地及其他生产资料的利用计划、马匹生产计划、饲料生产和供应计划、基本建设计划、劳动力使用计划、销售计划、财务计划、新产品开发计划等。

3. 阶段计划　阶段计划是马场在年度计划内一定阶段的工作计划。阶段计划的主要内容包括：本阶段的起止时期、工作项目、工作量、作业方法、质量要求，完成任务拟配备的劳动力、设备和其他物资等。如马场配种工作计划，规定在配种季节中的起止时间、情期受胎率、总受胎率等。阶段计划在较大的马场中，一般由基层管理者制定和实施。编制这种计划，应注意上下阶段的衔接，中心要突出，安排应全面，措施应具体。

4. 马场年度计划要点

（1）土地及其他生产资料的利用计划　如建立生态保护制度，畜牧业工程建设技术措施、经济措施等的综合安排和利用。

（2）生产计划　其内容有马场配种分娩计划、马匹周转计划、马匹疫病防治计划、饲料生产和供应计划等。

（3）饲料生产和供应　饲料供应计划包括购入饲料和自供饲料。自供饲料计划要根据本马场土地和草场资源情况安排，不足的差额部分，安排好外购饲料供应计划。

（4）年度其他计划　如基本建设计划、劳动力使用计划、产品销售计划、财务计划、新产品开发计划等。

三、马场人力资源管理

德保矮马原产地畜牧兽医主管部门德保县水产畜牧兽医系统机构健全，县水产畜牧兽医局下辖县动物疫病预防控制中心、县动物卫生监督所和 12 个乡镇水产畜牧兽医站，在职人员 76 人，有畜牧兽医科技人员 66 人，技术人员占 86.8%，是德保矮马保种场及主产区技术和管理人力资源的基础和保障。

1. 岗位分析与设计　德保矮马保种场实行定岗定人，根据保种场实际工作的需要，有计划地按定员编制马场各类岗位人员，一专多能，一人多用。技术是保种场的核心，因此充分考虑技术岗位的比例。技术岗位主要有畜牧师、兽医、练马师、教练、骑师及资深马工等，普通员工有饲养员、后勤人员等。

2. 劳动力的招收与录用　根据德保矮马保种场的定员编制和需要，对本场所需工作人员进行招聘和录用。在招聘之前要做好准备工作，如招聘的条件、人数、范围和程序等。

当聘用马工时，先要了解马工的素质。根据马工条件分配相应的职位，如见习工、学徒工、正式工，并赋予相应的职责。马工要具备养马的基本知识，懂得如何照料马匹。经验反映能力，如年龄、从事马房管理的时间等。优秀的马工自信、有责任感和敬业精神，以马场为荣。

3. 马工的合理使用与培养　一般情况下，新录用人员最初的工作是饲喂马匹，通常由资深马工或老饲养员进行指导。首先让马工按上一次采食量喂马，然后向主管报告马的采食情况和状态。在早饲之前，每天的例行工作是清理粪便和打扫环境卫生。每名马工有责任保证按时照料好马匹。学徒工或新手尚不熟练，需要花较长时间学习和处理马房杂务，同时也是积累经验提高能力的过程。技术层面的培训要注重各项工作流程、技术要点、注意事项等。提升马工的整体素质更为重要。有些马场不仅配备专业教练，定期进行马工技能培训，还举办外语或接待礼仪等方面的综合素质培训，以适应现代马业多元化的需求。

4. 劳动定员与定额定员　根据德保矮马保种场岗位分析及劳动定额来完成。编制定员时要遵循因事设岗、任人唯贤、相对稳定和因才用人的原则。

劳动定额是产品生产过程中劳动消耗的一种数量界限，通常指一个中等劳动力在一定生产设备和技术组织的条件下，积极劳动一天或一个工作班次，按规定的质量要求所完成的工作量。实践证明，劳动定额是管理企业、组织生产的科学方法。

德保矮马保种场饲养员劳动定额为 30 匹/人，教练员每人每天负责 6 名学员。

5. 合理报酬与员工福利　德保矮马保种场按照国家的有关政策为马工提供合理的报酬，办理有关保险事宜。马场和马工都履行相应的义务，并以此来促进马场的发展和保障马工的权益。报酬与福利包括基本工资、奖金、提成、餐补、公交和通信补贴等。

第三节　安全与保险

一、德保矮马骑乘安全

德保矮马保种场安全生产的总体方针是坚持“安全第一、预防为主”，消除一切危险隐患，防止人身和马匹伤亡事故以及马场财产损失。因此，安全是马场经营正常进行的必要条件，安全生产是马场可持续发展的前提，也是提高经济效益的促进因素。

（一）骑乘安全管理制度

从马场建立之日起，就建立了一套正规的骑乘安全管理制度，对骑乘着装、马具装配、骑乘安全要领等形成完整的工作规范。场内骑手、学员等正式上马前均要签署骑乘安全协议书，明确责任关系。

（二）骑乘安全着装

着装是骑手在骑乘马匹时穿着或佩戴的个人衣物、装备等，具有防护作用。马场为员工配备有着装，专人专用。着装在使用前必须检查完好性、安全性。

1. 骑乘头盔　每次骑乘或训练马匹的整个过程中，包括备鞍、牵马、上马、下马、调教索训练等，骑乘者必须佩戴正规厂家生产的头盔。头盔的材质要求延展性和韧度良好，构造要求在一定的冲击力下，能瞬间裂开以减少撞击对头部的损伤。要正确佩戴头盔，以三点固定式为好，系紧安全颌带，确保稳定舒适。

2. 马靴　骑乘时穿高筒低跟马靴，保护腿脚，减少摩擦，坠马时可及时脱镫。禁止穿运动鞋、软质鞋或者其他没有后跟的鞋骑乘，这类鞋会在马镫上打滑或套镫，易导致严重后果。地面调教训练时必须穿马靴以防止被马踩踏。

3. 马裤　马裤是以弹性材料制成，膝盖内侧以及臀部加层处理（通常加皮料），以防止骑乘时这两个身体部位与马体接触造成运动摩擦损伤的特制裤子。棉质的马裤常为针织面料，纤维具有双向和四向弹力。也可穿着有弹性的牛仔裤。

4. 防护背心　由特种塑料泡沫制成，保护骑乘者可在坠马落地时减小地面冲击造成的身体损伤，保护腰、背、脊椎、肩、肋等部位。初学骑乘和野外骑乘时必须穿着。

5. 手套　骑乘和调教索训练时，应佩戴真皮手套或掌面带胶粒的化纤手套，增加摩擦以便抓紧缰绳，也可预防用力持缰时磨伤手指和手掌。

（三）配备安全马具

马具的主要要求是结实，金属配件以不锈钢制品为好。带扣应不易变形，牛皮和尼龙制品都很耐用。确保马具缝线完好、皮革打折和弯曲处无断裂。

要做好马具日常保养维护，每次使用后都要擦干净，保持柔软。皮质马鞍使用鞍油或专用清洗剂，以延长使用寿命。

1. 马鞍　德保矮马体格较小，马鞍需定制，鞍架、鞍枕要适合马背，并且软硬适度，以免伤及马背。备鞍时检查肚带是否开裂，骑乘上马前检查肚带是否系紧。

2. 马镫　最好使用安全镫，可预防人被套镫。镫宽应比靴底宽 2 cm，使脚能自由滑脱。

3. 水勒　水勒的皮带扣和缝线易断裂，应经常检查，及时修理或更新。使用完毕的水勒及时清洗衔铁，保持卫生。

（四）骑乘安全

在马场内骑乘时，注意马的视线视角，任何突然情况都会带来致命的安全问题。在拐角或视线不好的地方，特别在往返马厩与训练场之间时，一定要注意随时会有导致马匹受惊的因素发生。

在走出马场进行野外骑乘活动之前，一定要在马场或马术俱乐部内接受专业的基础骑乘培训，具备较好的控马技能，才可能显著降低野外骑乘事故的发生率。

野外骑乘时要注意以下情况：不要在马上做剧烈的动作、脱换衣服、打伞等，易导致马受惊。在马可能会受惊的情况应提前做好预防准备。骑马一段时间后，要检查肚带的松紧程度。骑乘时适度控缰，下山（坡）尽量不要奔跑，防止马失前蹄。马失蹄时，不要抱马颈，要及时提紧缰绳。

在公路上骑马或牵马行走，必须清楚这对马很危险，还应遵守交通法规。

（五）调教训练安全

德保矮马接受调教训练是传统马业与现代马业中马匹功能最主要的转变之一。马匹驯致一般是指马匹从事某项运动的“就业前”培训，而马匹调教训练是提升马匹能力的递进教育。

训练安全主要是场地安全，按照规范化标准建设场地、护理场地。不同训练目的有不同的场地要求，而且必须要经常检查和护理，才能避免因场地因素发生的人马损伤事故。此外，设施设备标准化、训练科目规程标准化等都是保证调教训练安全的重要因素。

二、管理安全

马场饲养管理安全一般从清晨检查开始，以便及时发现问题隐患并及时处理。分为马体健康检查和马房安全检查两部分内容。

（一）马体健康检查

通过对马体的仔细检查，判断马匹的健康状况，这是晨检的主要目的。马体检查分静态检查和动态检查。静态检查是在马匹休息保持安定状态时，观察其姿态、营养、精神、被毛、呼吸状态和有无咳嗽、战栗、呻吟、嗜眠、流涎、孤立一隅等反常现象。在静止状态观察后，再观察其运动时的姿势，有无行走困难、跛行、后腿麻痹、打晃踉跄、屈背弯腰等情况，以及排泄姿势和排泄物的性状。

1. 粪便尿液检查

（1）形状检查　马的正常粪便呈球形，如乒乓球大小，为一整体，多数不散，表面有少量黏液，眼观呈油亮湿润状。异常情况包括：①粪便过硬，脚踩检查，粪球干燥结块，脚踩难散。显示马匹可能患有热性病或摄水不足。②粪便过软，不成球形，软但不稀，原因是饲喂青绿饲料过多等。③粪便稀薄，一是粪便稀且混有大量鼻液状物质，马匹可能患细菌性肠炎，肠黏膜脱落，如沙门氏菌感染，粪便还有酸臭味。二是粪便稀且夹带红色黏液，可能马匹患出血性肠炎。三是水样粪便：排粪次数增多，粪便呈溏状或呈粥状水样，即腹泻。常见于胃肠道疾病，如消化不良、胃肠炎等。也可能是中毒的预兆，如有机磷化合物中毒及化肥中毒。四是粪便带沙：是肠积沙的表征。随草、料吃进的细沙，日积月累逐渐积聚于肠内而引起。吃进的沙常积于大肠内。轻症只表现食欲不振、粪便带沙，重症多表现为腹痛。

（2）颜色检查　按颜色分类，正常马粪分黄粪和绿粪。采食秸秆类干草多，粪便颜色发黄；采食青绿饲料多，粪便颜色发绿。若粪便发红、发黑，即带血时，要特别注意，这是胃肠出血的征象。见于许多疾病，如出血性肠炎、肠套叠、炭疽、球虫病、出血性败血病及毒物中毒等；也见于胃肠黏膜被异物损伤而引起的内出血。若粪便表面附有鲜血，且于排粪之末出现，则出血部位常在肠道后段；若血液与粪便均匀混合，粪便呈黑红色或木馏油状，则为胃或肠道前段出血；肠套叠时，直肠内积有大量带血的黏液，有时为棕黑色酱状物，具有腐败臭味。

马正常尿液呈黄白色或淡黄色，浑浊不透明。

2. 姿势与体态检查

（1）木马样姿态　马匹表现头颈平伸、肢体僵硬、四肢关节不能屈曲、尾

根翘起、鼻孔开张、牙关紧闭等，这是破伤风的病症，是全身骨骼肌强直的结果。病马汗出如油，稍受惊扰即兴奋不安，多在数日内衰竭而死。

（2）站立不自然　多由四肢疼痛引起，如单肢疼痛则患肢弯曲或提起；多肢的蹄部疼痛（患蹄叶炎时）则常将四肢集于腹下而站立；两前肢疼痛则两后肢极力前伸，两后肢疼痛时则两前肢极力后伸，以减轻病肢的负重；患肢关节骨骼或肌肉疼痛性的疾病（骨软症、风湿症）时，四肢常频频交换负重表现站立困难状。健康马匹仅于夜间休息时取卧地姿势，偶尔于昼间卧地休息，但姿势很自然，常将四肢集于腹下，呈背腹侧卧姿势，且当驱赶、吆唤时即行自然站立而起。

（3）躯体失衡　马站立不稳时，表现躯体歪斜、四肢叉开或依墙靠壁而立的特有姿态。常见于中枢神经系统疾病，当病毒侵入小脑时尤为明显。

马咽喉肿胀、发炎，声门狭窄，并伴有重度呼吸困难时，常呈前肢叉开、头颈平伸的强迫站立姿势。这是喉水肿的征象。

（4）骚动不安　如前肢刨地、后肢蹴腹、抽腰、摇摆、回视腹部、碎步急行、时时欲卧、仰蹄朝天，或呈犬坐姿势、屡有排便动作等，是马匹腹痛的表现。腹痛是马许多疾病的症状，应马上请兽医治疗。

3. 精神状态检查　马的精神状态是中枢机能的外在表现。可根据其对外界刺激的反应能力及其行为表现而判定正常与否。

（1）兴奋　是中枢机能亢进的结果，轻则惊恐不安，重则狂躁不驯。兴奋易惊是病马对外界轻微刺激表现强烈的反应。经常左顾右盼、竖耳、刨地，甚至惊恐不安、挣扎脱缰，可见于脑及脑膜的充血和颅内压增高时，或是某些毒物中毒。当出现脑与脑膜的炎症、日射病或热射病初期及中毒和某些侵害中枢神经系统的传染病时，表现兴奋症状。

（2）抑制　是中枢神经机能紊乱的另一种表现形式。轻则表现为沉郁，重则嗜睡，甚至出现昏迷状态。①精神沉郁，可见病马呆立、萎靡不振、头低耳耷，对周围冷漠，对刺戳反应迟钝。多见于热性疾病及慢性消耗性疾病。②嗜睡，表现为重度萎靡，闭眼似睡；或站立不动，头部常抵在饲槽或墙壁上；或卧地不起，给以强烈的刺激才引起轻微的反应。见于脑炎及颅内压增高等。

调教训练好的马在正常状态下，人近不惊，安静且活泼、敏感。高兴时，两耳向前，前肢抬起，甚至搭在人肩上；当其不友善时，两耳后耸，龇牙咧嘴，有攻击人的趋势。

4. 消化功能障碍检查

（1）食欲减退或废绝 是马许多疾病的最初表现，在排除由于饲料品质、饲喂和饲养环境突然改变等引起的马匹食欲一时改变外，一般为疾病的表现。如口腔、牙齿的疾病，咽与食管疾病，特别是胃肠疾病。依病变主要部位不同，在食欲减退的同时，常伴有不同的其他消化功能障碍，如伴有咀嚼困难，提示马匹患口腔及牙齿疾病；伴有吞咽困难时，应考虑咽部与食管疾病；伴有腹泻或腹痛，多为胃肠疾病。此外，伴有剧痛性疾病时，也会引起减食或食欲完全废止。

（2）异嗜 表现为马匹喜食作为正常饲料成分以外的异常物质，如灰渣、泥土、粪便、污物、木头等，较常见于幼驹。明显的异嗜，多提示为营养、代谢障碍，常为矿物质、维生素、微量元素缺乏性疾病的先兆。如啃木头是缺钾的先兆，可在饲料中添加些钾添加剂来补充。

（3）采食及吞咽障碍 可表现为采食不灵活或不能用唇采食，咀嚼时费力、困难或疼痛。采食及吞咽障碍，常提示为唇、舌、口腔、咬肌或牙齿及颌骨的病痛。如唇、舌、口腔黏膜发炎或溃烂，牙齿磨灭不正，颌骨损伤，当患软骨症时咀嚼障碍表现得更为明显。

5. 被毛及皮肤检查 在晨检时仔细地观察并检查其皮肤和被毛状态。包括被毛的情况、皮温及其分布、湿度及汗液的分泌，以及有否疱疹、溃疡、创伤、肿物等。

（1）被毛检查 被毛蓬松粗糙、没有光泽，为营养不良的标志。见于慢性消耗性疾病（如鼻疽、传染性贫血、寄生虫病等）及长期消化不良，营养物质不足、过劳及某些代谢性疾病。局部脱毛应注意外寄生虫病，如马头颈部及躯干有多处脱毛、落屑，伴有剧烈痒感时，马经常向周围的物体摩擦或啃咬，甚至病变皮肤出血结痂或形成龟裂，提示马患疥癣的可能。该病因相互感染可造成在马群中蔓延，大量发生。

（2）皮肤检查 可用手背触诊马体及腹内侧部判断皮温高低。为确定躯体末梢部位皮肤温度分布的均匀性，可触诊鼻端、耳根及四肢的末梢部位。①皮温升高是体温增高的结果。全身性皮温增高可见于热性病，局限性皮温增高是局部发炎的表现。②皮温降低是体温过低的标志。可见于衰竭及营养不良、大失血及重度贫血，严重的脑病及中毒。③皮温分布不均而末梢冷厥，表现为耳鼻发凉、肢梢冷感，见于心力衰竭及虚脱、休克时，是重度循环障碍的表现。

6. 常见异常状况检查

(1) 流鼻液　是呼吸器官疾病的一种重要症状。呼吸器官的疾病，除胸膜炎外，一般都有性质和程度不同的流鼻液现象。急性上呼吸道感染（如鼻炎、喉炎、气管炎）和感冒时，流浆液性鼻液，慢性者则流黏脓性或脓性鼻液；化脓性肺炎、肺脓肿破裂，则流大量脓性鼻液；大叶性肺炎和马胸疫时，流铁锈色鼻液；窦腔积脓时，患侧流脓性鼻液，低头时流出更多。另外，患某些传染病和寄生虫病时，也有流鼻液症状。

(2) 咳嗽　是呼吸器官疾病最常见的一种症状，是一种反射性的保护动作。晨检时应注意咳嗽的性质、节律、音调，出现的时间及伴随的一些现象，这些均有助于疾病的诊断。呼吸器官疾病，除单纯鼻炎和窦炎外，都有性质和程度不同的咳嗽。急性期表现为粗大、有力、干而连续性痛苦咳嗽，以后为湿性的、柔和的、痛苦性不大的咳嗽，而且每当咳嗽时有鼻液从鼻孔流出。慢性支气管炎时，为顽固性咳嗽，常于早晚或运动后发生。肺炎时表现低微、短促或嘶哑的咳嗽。进食时发生咳嗽，鼻液中混有食物，多为咽喉炎的征象。发作性咳嗽表明异物进入呼吸道。

(3) 流涎　见于口炎、腮腺炎和牙齿的疾病。当吞咽障碍时，如咽麻痹、食管阻塞、破伤风等，也可引起流涎现象。发生某些中毒时，如有机磷农药中毒、食盐中毒、氢氰酸中毒、铅中毒等，也出现程度不同的流涎。

(4) 急性肠臌气　由于马采食大量易发酵膨胀的草料，如青苜蓿、青草、豆类等或发酵腐败的草料，在肠内发酵产生大量气体而引发剧烈的腹痛。结症、肠变位、急性胃扩张等也可继发急性肠臌气。发展很快，常于食后数小时发病，出现剧烈的持续性腹痛。患马表现起卧不安、反复打滚、全身出汗，腹部明显增大，呼吸困难，心跳加快，黏膜深红或发绀。直肠检查时，手不易伸入。发现肠臌气时应及时抢救，穿刺放气，立即给予镇痛药，同时给予泻剂和止酵剂。

(5) 呕吐　胃内容物不由自主地经贲门、食管而从口腔或鼻腔中反排出来。马极少发生呕吐，如发生呕吐往往是急症的征兆，如胃扩张、小肠阻塞等。

(二) 马房安全检查

马房检查同样很重要。除了训练时间和在围栏的休息时间，马匹大部分时间都在马房度过。马房可以保证马匹每日的运动量受到有效控制，避免消耗大量体力，且马房饲养有利于保护马匹的安全。可以通过对马房的垫料、食槽、水槽、墙壁痕迹等的细心检查，发现问题，作为马体检查的辅助参考。

1. 垫料检查　坚硬的地面不适宜马匹休息，且对马匹有潜在性危害，容易伤马。所以，马房地面需铺一层不厚不薄的垫料。垫料太薄，不舒适，不起作用；过厚，马蹄易陷入。好的垫料要求柔软、吸湿性强，不容易污染马体，同时不利于寄生虫的滋生，最佳厚度 10～15 cm。可选用刨花、干草、锯末、稻壳等经济实惠的材料，便于经常替换。干草的透气性良好，但马匹会采食啃咬，不利于饲养员控制马匹摄入的饲料量，破坏其正常的饮食结构。锯末的透气性差，但吸湿性良好，马匹不食。锯末中以松木锯末最好，含有一种芳香烃，可掩盖马粪尿的异味且有一定的消毒作用，可保持整个马房的空气清香。

晨检时若发现垫料被严重践踏过（锯末上脚印多、乱、重叠，干草凌乱），表明马匹昨晚的睡眠不好，休息不够，还有可能患腹痛症或者有其他不适。

晨检时还要注意观察，垫料上除了散布马粪外，是否还有其他动物在夜间光顾留下的痕迹，如脚印和粪便。老鼠是马房的常客，不仅妨碍马匹的正常休息，还易传播疾病。工作人员要注意做好灭鼠工作。

2. 饲槽、水槽检查　马房内饲槽和水槽两者要分开放置，高度要在马匹的前胸部左右。过高，马够不着；过矮，马易踢踏。马匹每日采食的精饲料都通过饲槽喂食，保持饲槽的干净卫生十分重要。饲养员要经常清洗饲槽，在喂料前要把里面的异物清除掉。马每日的饮水量很大，尤其在训练后饮水量更大。要想有清洁卫生的水质，必须保持水槽的干净卫生。除了检查饲槽、水槽的卫生外，还要检查剩余情况。饲槽里是否还有剩料，剩料多少，认真做好记录，结合其他项目的检查结果，分析马匹剩草、剩料的原因。如果是喂量不恰当造成的剩料，饲养员要注意调整。马匹饮水量加大可能是因为患了热性病或者是摄入盐分过多。所以，一些马场在精饲料里混入食盐是不正确的做法，应供给盐舔块，由马匹自由摄入。

3. 墙上痕迹检查　马房墙上痕迹检查时若发现有马匹踢踹过的痕迹，表明马匹夜间休息不佳，腹痛严重。马的体躯较大，灵活性稍差，靠墙卧下休息时，容易发生四肢头部朝墙，身体窝在墙根无法翻身，有时甚至憋死在墙根的现象。发现后要立即组织人员，将马匹拉出。

晨检时马体检查和马房检查是密不可分的。检查时，各马房和马匹要相对应，做到一房一匹地对应检查。仔细检查前，工作人员可先在马厩外大概巡视整栋马房的马匹是否有异常，然后再分厩逐个检查。巡视时，发现哪匹马出现异常，应马上入厩仔细检查，发现病症，立即通知兽医到场诊断，不可延误。

晨检这项工作应由马场安排专门人员负责，要求有一定的相关经验和专业知识，爱马、懂马。检查时间要求在清晨，饲养员饲喂之前，并且每日定时检查。检查结果按照以上所述的各项内容分门别类地记录。对出现异常的马匹的应对措施和治疗方案也要一一记下，便于系统地了解每匹马每日的情况以及日后晨检工作的参考。必要时，可参考近日来饲养员、教练所做的饲喂记录和训练记录，进行对照分析，找出马匹出现精神不佳、食欲不振、结症或腹痛等情况的原因。应将检查结果告知饲养员、教练和兽医，一起商讨是否需要治疗用药，调整当日马匹的饲养和训练，如调整当日的草料比，增加或减少饮水，调整当日马匹的训练时间、训练项目和训练强度，等等。至此，晨检的工作才算结束。

三、防火防爆

（一）火灾和爆炸的起因

马场生产物资中有一些属易燃、易爆物，生产设备也多有引燃、引爆的特性。所以，在生产活动中存在着发生火灾或爆炸事故的危险因素。具体原因十分复杂，归纳起来大致有以下几个方面。

1. 火种引发　火种一般有明火、电火和燃烧状态的金属等飞溅物。燃烧引发的条件一般是可燃物、氧气（或助燃物）和火种。例如，油、气等物质泄漏时有火种接触，就会发生爆燃或爆炸。电流短路、照明灯高温、生产或其他作业使机件摩擦撞击发热或溅出火星，以及电热工具未及时切断电源而产生电高温点火源等都可能是引发火种。不要在马场任何地方吸烟，特别是仓库、草场、交通运输车辆附近等处。

2. 化学反应引发　不少化学物品有自发或引发燃烧或爆炸的特性。当这些化学物品发生内在变化或者因外部的作用，就会产生化学反应而导致火灾或爆炸事故。

3. 安全管理不健全　马场发生火灾或爆炸事故的主要原因是马场安全管理不健全。例如，某些设备密封性能不良，或者陈旧破裂，易燃、易爆物品跑、冒、滴、漏；某些设备设施陈旧，缺少自动切断电源、气流和火种等控制阀；马场缺乏严密的安全生产制度，或者操作人员技术不熟练，操作错误等。

此外，由于某种原因导致人为故意行为，也会引发突发性事故。

（二）防火防爆的基本措施

（1）划分危险区域，控制火源　马场生产与使用易燃、易爆物品的现场或存放区域应与其他场所严格分离。马房、饲草库等重要防火区域要贴有“严禁吸烟”“严禁明火”等明显标志，必要时应设置隔离设施。在生产、使用、储存或者启动等必须接触易燃、易爆物品的过程中，应严格一切火源进入或接近，包括各种明火、高热物、电火花、静电火花、冲击或摩擦、自然发热、化学反应热等。

（2）建立良好的工作制度，提高个人安全意识　使用完电器设备及时关闭开关，人员换岗前确认用电安全。粪便、废弃垫料堆积燃烧要确保在安全区域，最好做堆肥发酵等无害化处理。

（3）改善防火防爆辅助设施，提高马场安全度　马场防火的辅助设施主要是指适宜、有效的灭火器材。防火灭火器材包括灭火器、水箱（桶）、黄沙箱（桶）、自动喷淋灭火系统等。在马场内主要区域定点放置足够数量的灭火器材，并定期检查更新，培训人员正确使用。

（4）强化防火防爆的组织工作，明确应急预案　从马场领导到全体员工，都要树立安全第一的观念，强化安全防范意识，掌握安全防范知识。一旦发生火灾，应明确马场人员如何救火救灾，如何及时做好人员和马匹的疏散。

（5）发生火灾时的扑救程序　发出警报，立即拨打119火警电话呼叫消防队。如果没有警报装置，则要大声呼喊找人救火。及时疏散马匹，打开马厩门，让马自己逃脱。引导它们走向旷野或者其他安全的地方，然后再收拢聚集。通常受到惊吓的马会拒绝离开马厩，此时，饲养员应给马戴上笼头，脱下长袖外套盖在马的头上，并将其两耳塞进袖口内，或者用湿布扣在马头上，将马牵出马厩。如果没有严重危险或受到伤害，应积极参与救火，及时隔断火势可能蔓延到的道路或区域。

四、保险

为了避免因意外事故造成的经济损失，马场要为工作人员和马匹购买保险。

我国已建立较为完善的商业保险体系，包括财产保险、人身保险、责任保险等多种类型。针对马场和马术俱乐部，国内保险公司已尝试设立了骑手、骑师的人身意外伤害保险、马匹专业人员职业责任保险、大额医疗费用保险、马匹运输保险等保险种类。马场应为员工或骑手及时购买保险公司的相应险种。

马匹保险是针对马匹所设立的一种特殊保险类别。马匹保险根据马匹用途的不同，保险公司可以提供包括马匹死亡、因意外事故暂时丧失用途或永久丧失用途、兽医医疗费、运输途中发生意外等多种保险。所有马匹在参保前须由保险公司认定的具有资质的兽医做全面检查鉴定后，再根据马的品种、用途和年龄等条件确定是否符合参保条件以及保额数量。

我国保险公司有关马匹保险尚处于探索阶段，已有国外保险公司进入中国设立专门的马匹保险。马场应当积极关注并参加马匹保险，以减少意外事故造成的经济损失。

第六章
德保矮马免疫与防病

第一节　健康检查

一、常规检查

常规检查是德保矮马日常管理和使用中的重要环节，通过健康检查辨别马匹正常行为和异常情况。

1. 体温、脉搏及呼吸的测量　需要掌握如何为德保矮马测量体温、脉搏和呼吸频率，并且了解这些指标的正常范围。

（1）体温测量　将体温计甩至37℃以下，用凡士林或肥皂液（起润滑作用）涂抹在体温计上，轻轻地将2/3的体温计从德保矮马的肛门插入直肠内，2 min后取出读数；如果是电子体温计要等到体温计发出嘟嘟响声时取出读数。正常的德保矮马体温为37.5～38.5℃。如果马的体温超过39℃，则需要通知兽医。

（2）脉搏数测量　两个最容易感受德保矮马脉搏的位置是横过下颌的面动脉和紧靠眼睛后面凹陷处的动脉。德保矮马正常脉搏数为每分钟26～42次。应激时心跳急速加快，脉搏数增加。若马很安静，未受任何干扰，脉搏数每分钟超过55次时，应通知兽医。

（3）呼吸频率测量　观察德保矮马的腹部收缩运动，天气寒冷时，也可以观察马鼻孔处的呼气情况，或以手背靠近鼻孔感觉呼出气息。正常呼吸频率为每分钟8～16次，但是当马兴奋或在训练时尤其是在炎热天气训练时，呼吸频率会增加。

2. 识别异常情况　马发生疾病时会出现异常情况，即出现症状，主要表现：反应迟钝或沮丧，离群独处，食欲不振或食欲废绝，来回行走，前肢刨地，后肢踢腹，急起急卧，重复卧倒和站起，打滚，出汗，呼吸异常，流鼻液，体温升高，运步时点头，尻部升降等。如果德保矮马出现以上情况，需要联系兽医进行检查治疗。

常规检查要结合本书第五章第三节有关马体健康检查的内容和结果判定健康和异常状况。

二、急救措施

德保矮马需要急救时应按照ABC原则进行。A（airway）即气道，气道是否畅通，有无异物，异物的性质、位置，能否移除，喉头麻痹时需要做气管切开；B（breathing）即呼吸，呼吸是否正常，如出现呼吸暂停，需立即进行气管插管，进行人工通气；C（circulation）即血液循环，检查马匹是否还有脉搏。如检测不到脉搏，需对心脏进行按压，20～30次/min，同时观察瞳孔。有效按压的标志是外周动脉处可触及波动，紫绀消失，散大的瞳孔开始缩小，至出现自主呼吸。

1. 创伤　不同类型以及不同程度的创伤处理方法不完全一样，需要根据具体创伤情况，对受伤马进行处理。出血性创伤应根据出血情况和性质，立即进行止血。首先应清创，清理表面污物，剪除残缺坏死组织以修整创口，用生理盐水冲洗创口及创面，使用酒精、双氧水或碘伏进行消毒。清创后进行包扎，保护创口，以防感染。

2. 烧烫伤　烧烫伤应评估伤害程度，按照止痛、清洗创面、外敷紫草膏、包扎的程序处理。处理烧烫伤时，要注意防止休克和低血容量。化学烧烫伤应大量冲洗，稀释化学药物，然后进行处理。

3. 中毒　应尽可能找出毒物，以使用特效解毒药进行解毒。有机磷农药中毒，使用解磷定和阿托品；硝酸盐中毒，使用亚甲基蓝和维生素C；毒蛇咬伤，立即注射抗蛇毒血清。同时进行支持性治疗，维持身体机能。经口进入的毒物，可使用活性炭进行毒物吸附，或灌服石蜡油，使毒物快速排出体外。

4. 疝痛　急性疝痛在德保矮马中比较常见，如处理不及时，会危及生命。处于疼痛中的马匹，会变得暴躁不安，因此在处理中要注意自身安全。通过触诊、直肠检查和B超诊断，判断疝痛发生原因及程度。可让马缓慢行走，以缓解疼痛。给予输液，维持电解质平衡。如马疼痛加剧或疼痛不止，应考虑手术。

5. 急性休克　休克不是独立的疾病，而是其他疾病的并发症。首先要判断原发病，找出休克原因。停饲，消除病因，调整水、电解质和酸碱平衡；低血容量时应输血，改善心脏机能。

6. 急性腹泻　急性腹泻可导致机体水分的严重丢失，引发失液性休克。该病需关注马的脉搏、毛细血管再充盈时间、皮肤弹力恢复时间、红细胞压积、总蛋白含量以评估疾病程度。根据失水程度来补充液体、电解质，使其血容量逐渐恢复。

第二节　免疫与驱虫

一、定期免疫

德保矮马保种场制定有定期免疫计划，负责对全县马匹进行免疫接种，以有效预防和控制德保矮马传染性疾病的发生。免疫疫苗从市场采购，依据实际需要接种。免疫计划分为日常免疫和紧急免疫。

（一）日常免疫

1. 马腺疫　在流行地区有感染风险时使用。使用马链球菌弱毒株 TW928 活疫苗进行免疫。4 月龄以上的马可以免疫。首次免疫进行 2 次，每次间隔 4 周。以后每年注射 2 次，每次间隔 6 个月。

2. 马流感　使用 Equi－Flu 灭活细胞苗或马流感双价（A1 和 A2）佐剂疫苗进行免疫。断奶后幼驹可进行免疫。首次免疫需要注射 2 次，第 1 次注射后 3～4 周再注射第 2 次，以后每年免疫注射 2 次，每次间隔 6 个月。给怀孕母马注射疫苗应在兽医的指导下进行。

3. 破伤风　成年马使用破伤风类毒素皮下注射 3 mL 进行免疫，注射 1 个月后产生免疫力，免疫期较长，到第五年再免疫注射 1 次。繁殖用母马在分娩前 4～6 周免疫注射 1 次；如伤口或手术在最近一次免疫 6 个月以后发生，应加强免疫注射 1 次。在进行某些外科、产科及创伤治疗时，宜用破伤风抗毒素进行预防注射。

4. 马传染性贫血　我国要在 2020 年前消灭马传染性贫血，以检疫净化为主，不注射疫苗。

5. 马鼻疽　每年定期对马匹进行春秋两季的鼻疽菌素点眼检疫，阳性马

扑杀，作无害化处理。本病无菌苗研制，以检疫、处理为主要防治手段。

6. 马鼻肺炎（EHV－1，EHV－4） 使用马鼻肺炎灭活苗免疫。断奶幼驹免疫注射2次，分别在3月龄和6月龄各注射1次；繁殖用母马在妊娠的第5、7、9个月免疫注射灭活EHV－1疫苗，也可在分娩前4～6周免疫注射EHV－1和EHV－4疫苗。以后每年免疫注射1次或在疫病可能暴发时进行免疫注射。

7. 马流产沙门氏菌病 使用马流产沙门氏菌活疫苗（C355株），母马和公马均可使用，每年免疫注射2次，间隔4个月。怀孕母马接种时间为当年9～10月份和次年1～2月份各免疫注射1次。免疫期为1年。

8. 炭疽 使用无毒炭疽芽孢苗或第Ⅱ号炭疽芽孢苗免疫注射，于每年春季或秋季免疫注射1次，在马臀侧皮下注射0.2 mL，免疫期为1年。对于经常外出参赛与运输的马匹，要保持每年注射1次。

9. 日本乙型脑炎 在流行地区有感染风险时使用乙型脑炎弱毒疫苗当年进行1次免疫注射，选择在蚊虫开始活动前1个月进行注射，第2年加强免疫注射1次，免疫期为3年。

10. 马流行性淋巴管炎 在本病的流行地区，使用灭活苗或T21－71弱毒疫苗，1月龄后进行免疫注射，间隔10 d，两次皮下注射4 mL。

（二）紧急免疫

紧急免疫是在疫病发生区，即疫区或疫点对易感马进行的突击性免疫注射。

二、驱虫

德保矮马需每年春秋各进行一次定期驱虫，发现病例随时进行治疗性驱虫。保种基地和保护区德保矮马以治疗性驱虫为主。

1. 预防性驱虫 预防性驱虫又称定期驱虫，是指不考虑临床上有无病症，每年到一定的季节，对德保矮马进行全群性驱虫。

2. 治疗性驱虫 治疗性驱虫是指在德保矮马感染寄生虫之后，临床上表现病状的时候，应用驱虫药将寄生虫驱除或杀死，使马机体不再受到寄生虫的危害，达到治疗的目的。

3. 驱虫药物选择标准 驱虫药物要高效、低毒、广谱、价廉、使用方便。

马属动物常见寄生虫病流行特征及驱虫药见表6－1和表6－2。

表 6-1 马属动物常见寄生虫病及流行特征

病　原	寄生部位	病　名	流行特征
皮肤寄生虫			
疥螨	皮肤内	疥螨病	接触感染，主要皮肤病之一
痒螨	体表	痒螨病	接触感染，主要皮肤病之一
足螨	系部	足螨病	接触感染，散发
蠕形螨	毛囊和皮脂腺	蠕形螨病	接触感染，散发
毛虱	体表	毛虱病	接触感染，散发
血虱	体表	血虱病	接触感染，散发
马媾疫锥虫	皮肤、生殖器黏膜	马媾疫	主要通过交配接触感染
蠓	体表	蠓咬性皮炎	吸血叮咬，发生于夏、秋季节
心血管系统寄生虫			
伊氏锥虫	血浆	伊氏锥虫病	经由吸血类昆虫机械传播
驽巴贝斯虫	红细胞	梨形虫病	马的主要寄生虫病之一，由蜱传播，多发于夏、秋季节
马巴贝斯虫	红细胞	梨形虫病	马的主要寄生虫病之一，由蜱传播，多发于夏、秋季节
呼吸系统寄生虫			
安氏网尾线虫	支气管	网尾线虫病（肺丝虫病）	食入感染性幼虫而感染
消化系统寄生虫			
大口德拉西线虫（大口胃虫）、小口柔线虫（小口胃虫）及蝇柔线虫（蝇胃虫）	胃	胃线虫病	多由于食入含感染性幼虫的蝇类或蝇类舐食马伤口时幼虫钻入马体内而感染
肠胃蝇、鼻胃蝇、红尾胃蝇及兽胃蝇	幼虫寄生于胃	胃蝇蛆病	全国性分布，尤以西北、东北、内蒙古等地多发
大裸头绦虫、叶状裸头绦虫	小肠	裸头绦虫病	食入含有似囊尾的地螨而感染，多发于夏、秋季，主要危害幼畜
侏儒副裸头绦虫	小肠	裸头绦虫病	食入含有似囊尾的地螨而感染，多发于夏、秋季，主要危害幼畜

（续）

病　原	寄生部位	病　名	流行特征
马副蛔虫	小肠	副蛔虫病	食入感染性虫卵而感染，多发于小马驹
马尖尾线虫	结肠、盲肠	尖尾线虫病（蛲虫病）	摄食被感染性虫卵污染的饲料或饮水、舐食受污染的用具而感染
韦氏类圆线虫	十二指肠	类圆线虫病	经口和皮肤感染
普通圆线虫	肠道	圆线虫病	由于食入感染性幼虫而感染，幼虫可引起血栓性病痛
无齿圆线虫	肠道	圆线虫病	食入感染性幼虫而感染
马圆线虫	肠道	圆线虫病	食入感染性幼虫而感染
艾美耳属球虫	肠道	球虫病	食入孢子化卵囊而感染
其他组织器官寄生虫			
指形丝状线虫的童虫	脑脊髓	脑脊髓丝虫病	由含微丝蚴的蚊叮咬吸血而传播
盘尾丝虫	肌腱、韧带	盘尾丝虫病	蠓传播
多乳突副丝虫	皮下、肌肉结缔组织	副丝虫病（血汗症）	蠓传播
指形丝状线虫、马丝状线虫及鹿丝状线虫的童虫	眼部	浑睛虫病	多发于夏、秋季，含微丝蚴的蚊叮咬吸血而感染
马丝状线虫	腹腔	腹腔丝虫病	多发于夏、秋季，以蚊为传播媒介

表 6－2　马常见寄生虫病与常用驱虫药

药物名称	用药剂量和剂型	作用对象
氯硝柳胺（灭绦灵）	片剂，200～300 mg/kg	马裸头绦虫
奥苯达唑	黏浆剂或悬浊剂，10～15 mg/kg	马圆线虫、无齿圆线虫、普通圆线虫、小型圆线虫、马副蛔虫、马尖尾线虫、韦氏类圆线虫
奥芬达唑	粉剂、黏浆剂或悬浊剂，10 mg/kg	马圆线虫、无齿圆线虫、普通圆线虫、小型圆线虫、马副蛔虫、马尖尾线虫

（续）

药物名称	用药剂量和剂型	作用对象
奥芬达唑＋敌百虫	黏浆剂，奥芬达唑 2.5 mg/kg，敌百虫 40 mg/kg	与奥芬达唑相似，还包括马皮蝇（胃蝇属）
非班太尔＋敌百虫	黏浆剂，非班太尔 6 mg/kg，敌百虫 40 mg/kg	马圆线虫、无齿圆线虫、普通圆线虫、小型圆线虫、马副蛔虫、马尖尾线虫、胃蝇
非班太尔	黏浆剂，溶液，非班太尔，6 mg/kg	马圆线虫、无齿圆线虫、普通圆线虫、小型圆线虫、马副蛔虫、马尖尾线虫
伊维菌素	黏浆剂，溶液，0.2 mg/kg	马圆线虫、无齿圆线虫、普通圆线虫、小型圆线虫、马副蛔虫、马尖尾线虫、蝇柔线虫、盘尾线虫属、胃蝇属、安氏网尾线虫、韦氏类圆线虫
芬苯达唑	黏浆剂，颗粒，溶液，5 mg/kg	马圆线虫、无齿圆线虫、普通圆线虫、小型圆线虫、马副蛔虫、马尖尾线虫
噻嘧啶	黏浆剂，溶液，低限为 6.6 mg/kg	马圆线虫、无齿圆线虫、普通圆线虫、小型圆线虫、马副蛔虫、马尖尾线虫、绦虫
甲苯咪唑	黏浆剂，溶液，低限为 6.6 mg/kg	马圆线虫、无齿圆线虫、普通圆线虫、小型圆线虫、马尖尾线虫
莫昔克丁	黏浆剂/胶状制剂，0.4 mg/kg	马圆线虫、无齿圆线虫、普通圆线虫、小型圆线虫、马副蛔虫、马尖尾线虫、蝇柔线虫、盘尾线虫
敌百虫	溶液，40 mg/kg	胃蝇属、马副蛔虫、马尖尾线虫、蚊、虱、蚤、蜱
哌嗪（驱蛔灵）	粉剂，67 mg/kg	马副蛔虫
二氯苯胂	白色晶粉，常用盐酸盐，易溶于水，3～4 mg/kg，每次间隔 4～5 d	马锥虫、脑髓丝状虫
萘磺苯酰脲（那加宁、那加诺）	溶液，10～15 mg/kg	伊氏锥虫、马媾疫锥虫、布氏锥虫

（续）

药物名称	用药剂量和剂型	作用对象
喹嘧胺（安锥赛）	粉剂，5 mg/kg，每 2～3 个月 1 次	伊氏锥虫、马媾疫锥虫
三氮脒（贝尼尔、血虫净）	溶液，3～4 mg/kg	驽巴贝斯虫、马巴贝斯虫、马媾疫锥虫
硫酸喹啉脲（阿卡普林）	溶液，0.6～1 mg/kg	驽巴贝斯虫、马巴贝斯虫
氯菊酯（除虫精）	气雾剂，配成 0.2%～0.4%溶液喷洒	蚊、蝇、蟑螂、虱、蚤、蜱、螨和虻等

4. 驱虫注意事项

（1）慎重确定驱虫时间　依据德保县及周边当地马属动物寄生虫病流行病学的调查了解进行驱虫，否则会事倍功半。在用药前要调查清楚当地存在的寄生虫种类、感染率、感染强度，一般要赶在虫体成熟前驱虫，防止性成熟的成虫排出虫卵或幼虫对外界环境的污染；或采取秋冬季驱虫，此时驱虫外界相对寒冷，不利于驱虫后排出的大多数虫卵或幼虫存活发育，可以减轻对环境的污染。

（2）了解药物性能　使用药物进行驱虫，其效果好坏与药物性能的关系密切。在用药前应对药物的理化性状、驱虫范围、副作用、使用剂量及方法、药物在马体内的代谢过程有详尽的了解，以便合理地选用剂型、用法、疗程，更充分地发挥药物的作用。

（3）进行药物安全试验　驱虫药一般都有一定的毒副作用，不同种类的药物其毒性大小不同，同种药物不同产地也不完全一样。所以在大批驱虫之前，应该先选择有代表性的各类不同年龄、性别的马匹进行安全试验，取得经验后再进行全面驱虫，以免发生中毒事故。对病情严重、大日龄怀孕马匹及老弱马匹，应隔离出来进行适当减量用药处理。

（4）正确合理用药　在驱虫药的使用过程中，一定要注意正确合理用药，避免频繁地连续几年使用同一种药物。在应用驱虫药时，可进行必要的联合使用（注意配伍禁忌）或交替使用不同种类的药物，尽量推迟或消除寄生虫抗药性的产生。

（5）驱虫药剂量确定　驱虫药剂量都是按每千克体重来计算的。在有条件的情况下，马匹体重最好用地秤进行称量；称量条件不具备时，也可以由有经验的工作人员进行尺测估重或目测估重。驱虫药剂量过高或过低，对于驱虫效果和马匹健康都是不利的。

驱虫后要及时检查效果，以决定是否进行第二次驱虫。兽医应当在驱虫前后抽查一定比例的马匹，查明虫卵或幼虫、成虫数量变动情况，以确定是否再次驱虫。

驱虫应在专门的、有隔离条件的场所进行；驱虫后排出的粪便应统一集中，用生物热发酵法进行生物安全处理，防止其对环境的污染；驱虫后应做驱虫效果的统计，必要时进行补充驱虫。

第三节　常见多发病

德保矮马常见多发病与饲养管理和调教训练等关系密切，以消化系统疾病和普通外科病常见多发。

一、肠痉挛

肠痉挛是由肠平滑肌受到异常刺激发生痉挛性收缩引起，以明显的间歇性腹痛为特征的一种腹痛病。

1. 病因　采食霉败饲料，在胃肠内产生异常分解物；气候骤变，寒夜露宿，久卧湿地，被骤雨浇淋；役后暴饮冷水，或者采食冰霜草料等。

2. 症状　腹痛剧烈或中等腹痛，间歇性发作。起卧不安，倒地滚转，5～10 min 后，便进入间歇期。间歇期患病马匹外观上似健康马匹，安静站立。但经过 10～30 min，腹痛又发作，经 5～10 min 后又进入腹痛间歇期。除表现间歇性腹痛外，还出现如下症状：病轻者，口腔湿润，口色正常或色淡；病重者，口色发白，口温偏低，耳鼻发凉，除腹痛发作时外，呼吸、体温和脉搏都正常。大小肠音增强，偶尔出现金属音，随着肠音的增强，排粪次数增多，粪便性状很快由稠变稀，但其量逐渐减少。腹痛恶化时，全身症状随之恶化，肠音变弱，往往形成肠阻塞或肠变位。

3. 治疗　原则是解痉镇痛，清肠止酵。

（1）解痉镇痛　一般可选用下列药物：

①30%安乃近 20～40 mL 静脉或肌内注射。

②白酒 250～500 mL，内服。

③0.5%普鲁卡因 50～150 mL 缓慢静脉注射。

④血针治疗

A. 三江穴　在内眼角下方约 2 cm 的血管上，左右侧各一穴，用小宽针或三棱针由下向上顺血管刺入，出血 60～80 mL 即可。施针部位及针具必须严格消毒处理，用小宽针时必须顺血管直线进针，不宜横切血管。

B. 分水穴　上唇外面的旋毛正中一穴。用三棱针或小宽针迅速刺入，稍出血就行。

C. 姜牙穴　在鼻孔外缘正中旁 1.5 cm 鼻翼软骨处，左右侧各一穴，用小宽针刺入并挑破软骨端即可。

D. 耳尖穴　在耳尖背面血管分叉处，左右耳各一穴，用一只手紧握耳尖边缘，另一只手用小宽针划破血管，出血即可。

（2）清肠止酵　一般用植物油（或液体石蜡）500 mL，内服；或者用人工盐 200 g、芳香氨醑 30～60 mL、陈皮酊 50～80 mL，加水溶解，内服。

4. 预防　加强饲养管理，平时防止饲喂冰冻、发霉变质的饲草饲料；渴不急饮，冬季不能饮用冰冷的水。适当运动，合理使役。

二、急性胃扩张

急性胃扩张是由于采食过量易发酵、易膨胀、难消化的饲料，致使幽门痉挛和后送食物机能障碍引起的胃急剧膨胀的一种疾病。经过急剧膨胀，容易引起胃破裂。临床上以突然发病、腹痛剧烈、腹围不大和呼吸急促为特征。

1. 病因

（1）原发性胃扩张

①采食过量难以消化和易膨胀的饲料（谷粉、麸皮）。

②采食了易发酵的饲料（如酒糟、糖渣、块根饲料）、霉败饲料等。

③饲喂失宜，过度疲劳，饱食后重役，采食精饲料后大量饮水，突然更换饲料日粮、饲喂方式和程序等使消化规律被破坏。

（2）继发性胃扩张　通常见于小肠疾病，如积食、变位、阻塞、炎症等，也见于小结肠阻塞或大肠阻塞的后期。

2. 症状

（1）原发性胃扩张　多于采食之后或采食 3～5 h 后突然发病，呈现以下几方面综合症状。

①腹痛　急起急卧，滚转，回视腹部，有时呈犬坐姿势。

②一般症状　可视黏膜潮红或发绀，呼吸迫促，脉搏加快。胸前、肘后、股内侧、颈侧、耳根和眼周围等局部出汗，个别病例全身出汗，脱水。

③消化系统症状　食欲废绝，初期口腔湿润黏滑，后期干燥发臭，出现黄苔，听诊肠音逐渐减弱或消失，初期排少量粪便，后期停止。

④胃管探查　插入胃管后，有大量酸臭气体和少量食糜排出，疼痛症状减轻或消失，多为原发性气胀性胃扩张；食滞性胃扩张只有少量气体排出，腹痛症状并不减轻。

（2）继发性胃扩张　首先表现为原发性病的症状，然后才出现胃扩张的症状。其特点是大多数患病马匹经鼻流出少量胃内液体。插入胃管后，有大量具有酸臭气味的淡黄色或暗绿色液体流出。液体排出后症状减轻，但一定时间后又复发，如此反复发作，是继发性胃扩张的主要特征之一。

3. 治疗　治疗原则为加强护理和制酵减压、镇痛解痉、补液强心。

（1）加强护理　适当保定，及时使用镇痛药物，防止撞伤。

（2）制酵减压　制止胃内容物腐败发酵和降低胃内压是缓和胃膨胀、防止胃破裂的急救措施，兼有消除腹痛和缓减幽门痉挛的作用。

①气胀性胃扩张　先导胃减压。经胃管灌入水合氯醛酒精合剂（水合氯醛10～15 g、酒精 50 mL、温水 350 mL）或鱼石脂酒精溶液（鱼石脂 10～15 g、酒精 50～80 mL、温水 350 mL），症状随即缓和乃至消失。

②食滞性胃扩张　可进行洗胃，每次灌温水 1～2 L，反复灌吸，直至吸出液基本无酸臭味时为止。

③积液性胃扩张　多数是继发性的，导胃减压只是治标，应查明原发病并治疗。

（3）镇痛解痉　是解决胃后送障碍、消除胃膨胀的基本措施，应用于整个病程，通常在减压制酵后实施。常用安乃近、水合氯醛、安溴注射液等。

（4）强心补液　在脱水体征明显时采用，根据水盐代谢失衡的状况，确定补液的种类与数量，强心补液，维持正常血容量，改善心血管机能，增强机体抗病力。

4. 预防　加强饲养管理，特别是在劳役过度、极度饥饿时，应注意饲料调理，少喂勤添，饿不急喂，避免采食过急；加强管理，防止马脱缰后进入饲料房或仓库偷吃精饲料。

三、肠臌气

肠臌气是因肠消化机能紊乱，肠内容物产气旺盛，肠道排气过程不畅，导致气体积聚于肠管内，引起肠管臌胀的一种腹痛病。

1. 病因　原发性肠臌气主要是马匹突然采食了过量容易发酵的饲料所致。继发性肠臌气常继发于肠阻塞和肠变位。

2. 症状　采食后不久，即呈现间歇性腹痛或转变为剧烈而持久的腹痛。腹围急剧膨大，肷部突起，腹壁紧张。体表静脉充盈，可视黏膜暗红色，心搏动加快，脉细而弱。呼吸困难，严重病例可窒息死亡。

3. 治疗　治疗原则是排气减压、镇痛解痉和清肠止酵。对严重肠臌气的患病马匹，要立即穿肠放气，但要注意预防发生腹膜炎。

（1）排气减压　根据臌气程度采取相应措施。肠臌气不严重者，可应用泻剂、止酵剂，清除肠内容物，以巩固疗效。腹围显著胀大、呼吸急促、心率增快的严重肠臌气，应立即穿肠排气，放气后宜向腹腔中注入抗菌消炎药物，预防发生腹膜炎。常用青霉素 240 万～360 万 U，溶于温生理盐水注射液（37～40℃）50 mL，0.25%普鲁卡因注射液 10～30 mL，腹腔注射。

（2）镇静解痉　常用安乃近、水合氯醛、安溴注射液等，也可用 0.25%普鲁卡因注射液 100～200 mL，缓慢静脉注射。

（3）清肠止酵　可用人工盐 100～200 g（或其他泻剂），鱼石脂 10～20 g，灌服。为恢复和增强胃肠机能可用 10%氯化钠溶液 100～300 mL，静脉注射。

继发性肠臌气，要查找原发病进行治疗。

四、胃肠炎

胃肠炎是胃黏膜和肠黏膜表层或深层组织的重剧性炎症的总称。

1. 病因

（1）原发性胃肠炎　主要是饲料品质不良，其次是各种中毒引起，如有毒植物、重金属和霉菌毒素等，或误食有刺激性或腐蚀性的化学物质，如酸、碱等。

（2）继发性胃肠炎　主要见于各种传染病，如传染性胃肠炎、肠型炭疽、副伤寒，寄生虫病（如蛔虫病、钩虫病）等；胃肠卡他、胃扩张可继发胃肠炎。

2. 症状　患病马匹精神沉郁，被毛无光泽，不同程度的腹痛，食欲减退或废绝，眼结膜先潮红后黄染，舌苔腻重，口腔干臭，四肢末梢冷凉。腹泻是胃肠炎的主要症状，排稀软粪便，并混有黏液、血液和黏膜组织，有时恶臭。疾病后期，肠音减弱或消失，肛门松弛，排粪失禁，有的病马表现里急后重等症状。全身症状较重，眼球塌陷，皮肤弹性降低，脉搏快而弱，体温升高，但随着病情恶化而逐渐下降。

3. 治疗　原则是抑菌消炎，缓泻止泄，补液、解毒和强心，加强护理。应用氟哌酸、环丙沙星、恩诺沙星抑菌消炎，抑制肠道内致病菌增殖。排粪迟滞、粪便恶臭、肠道内有大量内容物时缓泻，病初可用盐类泻剂，后期宜用油类泻剂；肠内积粪基本排尽、粪便的臭味不大而仍剧痛不止的非传染性腹泻时，应用鞣酸蛋白等收敛止泄；脱水、自体中毒和心力衰竭是胃肠炎的直接致死因素，因此，补液、解毒和强心是抢救危重胃肠炎的关键措施。

4. 预防　加强饲养管理，饲喂优质饲料，合理调制饲料，不突然更换饲料，及时治疗容易继发肠胃炎的原发病。搞好马匹的定期驱虫工作。

五、肠阻塞

肠阻塞中兽医称为结症，是因肠管运动机能和分泌机能紊乱，粪便积滞不能后移，致使某段或几段肠管完全阻塞或不完全阻塞的一种急性腹痛病。

1. 病因　引起肠阻塞的原因尚不完全清楚，但与下列因素有关：

（1）饲喂过多的粗硬饲料　如花生蔓、老苜蓿、甘薯蔓、豌豆蔓、麦秸、谷草、糜草、玉米秸等，难于消化。

（2）突然改变日粮　特别是由放牧转为舍饲，由喂青草、青干草转为喂上述粗硬饲料时，肠道内环境急剧变化，胃肠的植物神经控制失去平衡，肠的蠕动由最初的增强变为减弱，致使肠内容物停滞而发生阻塞。

（3）饮水不足　当供水不足或久渴失饮、大量出汗等引起机体缺乏水分时，必然会影响机体体液的动态平衡，引起消化液分泌不足，造成血浆水分向大肠内渗出减少而回收增加，以致肠蠕动机能减退，肠内容物在某段肠管内滞留，推进困难，水分不断被吸收。当内容物愈来愈硬结时，移动更不易，逐渐形成肠道阻塞。

（4）食盐不足　饲喂食盐不足，特别是炎热季节或剧烈劳役，马匹大量出汗，排出钠、氯和钾等离子，而食盐摄入不足时使分泌机能减弱，引起胃肠蠕动变弱，从而增加肠内容物后移阻力，引起阻塞。

（5）气候突变　如气温下降、降雨、降雪等，使马匹处于应激状态，体内的儿茶酚胺分泌增多，致使组织的血液通过量减少，血氧不足使平滑肌发生痉挛性收缩引起肠道阻塞。

（6）其他因素　个别马匹抢食或采食后咀嚼不充分、唾液混合不全、食团囫囵吞下，牙齿磨灭不整，消化不良，采食后立即使役，肠道寄生虫侵袭等都可成为肠阻塞发生的因素。

2. 症状

（1）共有症状

①腹痛　完全性阻塞，多呈中等程度或剧烈腹痛，小结肠阻塞要比大结肠阻塞腹痛剧烈；不完全阻塞腹痛多轻微，个别的呈中等程度的腹痛。

②口腔变化　初期口腔湿度、色泽正常，随着病情发展，脱水加重，口腔很快变干，舌苔灰黄，口臭难闻。

③肠音　初期肠音不整或减弱，数小时后肠音衰沉乃至消失。病初排粪次数增多，排软粪、稀粪，后期排粪停止。

④全身症状　饮食欲减少或废绝，眼结膜潮红，体温、脉搏、呼吸数病初无明显变化，在中后期脉搏增数，严重时达 120 次/min，呼吸急促。继发肠炎时体温升高，继发肠臌气时则肷窝膨满。一旦出现结膜发绀、肌肉震颤、脉搏细弱、局部出汗和体温升高等症状，则预后不良，可能出现肠破裂。

⑤直肠检查　大多数病例都可摸到一定大小、不同硬度的结块，可以判断阻塞的部位。

（2）特有症状（不同部位的阻塞所特有的症状）

①小肠便秘　包括十二指肠、空肠和回肠便秘，多于采食后数小时发病，腹痛剧烈，肠音很快消失，口腔干燥或黏滑，饮食欲废绝，排粪停止，全身症状明显，常继发胃扩张，表现为鼻流粪水、食管发生逆蠕动、呼吸迫促。

②大肠阻塞

A. 小结肠完全阻塞　发病较多，呈中等程度或剧烈腹痛，口腔干燥，食欲废绝，肠音减弱或消失；如果继发肠臌气，腹围增大，而且腹痛加剧，直肠检查可摸到拳头大或粗细类似于小臂的肠管，沿阻塞的部分可摸到粪球。

B. 骨盆曲完全阻塞　腹痛比较剧烈，易继发肠臌气，不如小结肠严重，直肠检查可摸到。

C. 胃状膨大部阻塞　多半是不完全性阻塞，肠腔大，病程缓，通常 3～10 d，呈间歇性轻度腹痛，常呈排粪排尿姿势，个别侧卧，四肢伸展。有时也可出现完全性阻塞，腹痛剧烈，病期较短。

D. 左侧大结肠阻塞　左下大结肠腔比左上大结肠腔粗，左下大结肠多半发生不完全阻塞，左上大结肠易发生完全阻塞，与骨盆曲同时发生。

E. 盲肠阻塞　不完全阻塞，发病缓慢，病期较长，达 10～15 d；腹痛轻微，食欲减退，多数不废绝，排出有恶臭味的稀便，饮水增加；肠音比较弱，特别是盲肠音，排粪不停止，但数量减少。体温、脉搏与呼吸无明显变化，直肠检查可摸到盲肠内充满粗硬的内容物。

3. 诊断　根据临床检查，大体上可以推断出肠阻塞的疾病性质和发病部位。若确定诊断必须结合直肠检查，进行综合分析，必要时须作剖腹探查，可明确诊断。

4. 治疗　肠阻塞的基本矛盾是肠管阻塞不通，并由此引起腹痛、胃肠膨胀、脱水、失盐、自体中毒和心力衰竭等从属矛盾。因此，实施治疗时应依据病情灵活施治，以疏通为主，兼顾镇痛、减压、补液、强心的综合性治疗措施，做到“急则治其标，缓则治其本”，适时解决不同时期的突出问题。

（1）镇痛　目的在于阻断疼痛对大脑皮层的刺激，以恢复大脑皮层对全身机能的调节作用，消除肠管痉挛，缓解腹痛，并为诊疗工作创造方便条件。

（2）减压　及时用胃管导出胃内积液，或者穿肠放气，解除胃肠臌胀状态，降低腹内压，改善血液循环机能。

（3）补液强心　旨在纠正脱水失盐，调整酸碱平衡，减缓自体中毒，维护心脏功能。用于重症阻塞或阻塞中后期。

（4）疏通　旨在消散结粪，疏通肠道。这是治疗肠阻塞的根本措施和中心环节，广泛用于各病例，贯穿于全病程。阻塞的疏通，主要从两方面着手：一方面是破碎秘结的粪块，多采用机械性的方法，如直肠按压法、秘结部注射法、剖腹按压法、肠管侧切取粪法等；另一方面是恢复肠管运动功能。

（5）中兽医疗法　中兽医称肠阻塞为结症，治疗以通肠利便、消积理气为主。治疗大肠阻塞，可用大承气汤、加味承气汤、麻仁承气汤、当归苁蓉汤等。

5. 预防　加强饲养管理，秸秆要粉碎，定期驱虫和健胃，适当运动，做好防暑防寒工作，保持饲料新鲜，以免造成不必要的损失。

六、纤维性骨营养不良

纤维性骨营养不良是指成年马由于钙磷代谢障碍，骨组织进行性脱钙，骨基质被逐渐破坏、吸收，而被增生的结缔组织所代替的一种慢性疾病。临床上以骨骼肿胀为特征。此病不分地区，一年四季均可发生，春季发生较多，以怀孕母马产驹前后发病率最高。

德保矮马产区有大量饲喂稻糠类的习惯，这类饲料中植酸和磷含量较高，影响钙的吸收，使钙、磷比例失调，纤维性骨营养不良发病率较高。

1. 病因　日粮中钙、磷比例失调以及维生素 D 不足是引起本病的主要原因。饲料中钙磷含量不足或饲料中含有影响钙吸收的物质，如饲料中植酸盐、草酸盐过多，可影响钙的吸收，导致本病发生。日粮中磷含量过多而钙含量正常或相对较低，导致钙、磷比例失调。维生素 D 含量不足，由于日照少，皮肤内的维生素 D_3 原无法转变为维生素 D_3，影响钙的吸收和骨盐沉积。

2. 症状　病马初期精神不振，喜欢卧地，背腰僵硬。站立时两后肢频频交替负重，行走时步样强拘，步幅短缩，出现一肢或数肢跛行。跛行常交替出现，时轻时重，反复发作。病马不耐使役，容易疲劳出汗。随着疾病的进一步发展，马匹口腔溃疡，舌头习惯性伸出。骨骼发生肿胀变形，多数病马先出现头骨肿胀变形，常见下颌骨肿胀增厚，轻者边缘变钝，重者下颌间隙变窄，上颌骨和鼻骨肿胀隆起，颜面变宽，有“大头病”之称。有的鼻骨高度隆起，致使鼻腔狭窄，呈现呼吸困难。牙齿磨灭不整、松动甚至脱落，咀嚼受限，常出现吐草团。肩胛骨前端肿大突出，长骨变形，脊背弯曲，呈现“鲤鱼背”。病马常卧地不起，肋骨变平，胸廓变窄。骨质疏松脆弱，容易骨折。

在整个疾病过程中，病马体温、脉搏和呼吸一般无明显变化。尿液澄清透明，呈酸性反应。

3. 诊断　根据病马出现腰硬、喜卧、跛行，骨骼肿大、变形和额骨穿刺阳性等临床特征，结合高磷低钙日粮等生活史，即可确诊。

4. 治疗　治疗原则为调整日粮结构，及时补充钙质和促进骨盐沉着。

主要是调整日粮中的钙、磷比例，注意饲料搭配，减少精饲料，特别要减少或除去日粮中的麸皮和米糠类，增喂优质干草和青草，使日粮中钙磷比例保持在 1.5∶1，兼有防治效果。

补充钙剂：10%葡萄糖酸钙 200 mL，静脉注射，每日 1 次，连续 1 周。为促进钙的吸收，可用骨化醇 10 mL，分点肌内注射，每隔 1～2 周注射 1 次。1 周后 10％葡萄糖酸钙 100 mL，静脉注射，隔日 1 次，连续 2 周。精饲料中加南京石粉每天 100 g，每日分 2 次混于饲料中饲喂。为缓解疼痛，可用水杨酸钠注射液 150 mL，静脉注射，每日 1 次，连用 3～5 d；为调整胃肠机能，可适当应用健胃药。

5. 预防　为了预防本病，高钙日粮至关重要。马的日粮中钙、磷比例应以（1.2～1.5）∶1 最为理想。添加石粉可有效预防本病的发生。

七、支气管炎

支气管炎是由各种原因引起的马匹支气管黏膜表层或深层的炎症，临床上以咳嗽、流鼻液和不规则热型为特征。幼龄和老龄马匹比较常见。寒冷季节或突然变冷时容易发病。

1. 病因　马厩卫生条件差、通风不好、闷热潮湿、受凉、饲料营养不平衡等使机体抵抗力降低，导致病原微生物感染；吸入过冷的空气、粉尘、刺激性气体直接刺激支气管黏膜而发病；变态原引起支气管的变态反应；继发于喉炎、肺炎及胸膜炎等疾病。

2. 症状　急性支气管炎的主要症状是咳嗽，病初呈短、干、痛咳；随着病程的发展、炎性渗出物的增多，变为湿而长的咳嗽。有时咳出较多灰白色或黄色的黏液或脓性黏液。鼻孔流出浆液性、黏液性的鼻液。听诊肺泡呼吸音增强，并可出现干啰音或湿啰音。慢性支气管炎病例，无论是黑夜还是白昼，运动或安静时均出现明显咳嗽，多为干、痛咳嗽，一般痰量较少。人工诱咳阳性，体温一般无明显变化。

急性支气管炎 X 射线检查仅为肺脏纹理增粗，无其他明显变化。慢性支气管炎 X 射线检查早期无明显异常，后期可见肺脏纹理增粗、紊乱，呈网状或条索状、斑点状阴影。

3. 治疗　治疗原则为加强护理，祛痰镇咳，抑菌消炎，解痉，抗过敏。

保持马厩内通风良好且冬天注意保暖，供给充足的清洁饮水和优质的饲草料。对咳嗽频繁、支气管分泌物黏稠的病马，可口服溶解性祛痰剂；对于分泌物不多但咳嗽频繁且疼痛的病马，可选用镇痛止咳剂，如复方樟脑酊。抑菌消炎可选用抗生素、喹诺酮类或磺胺类药物。若是病毒引起的，可配合应用双黄连、清开灵。变态反应引起支气管痉挛的马匹，可给予氨茶碱、马来酸氯苯那敏等药物解痉平喘、抗过敏。

4. 预防　本病的预防主要在于加强饲养管理，供给平衡日粮，增强机体的抵抗力。气候突变时，加强马匹的饲养管理，发生急性病要及时治疗。

八、牙齿磨灭不整

牙齿磨灭不整是指由于各种原因引起马的臼齿咬合面发生不均等磨耗时，造成咬合面边缘及齿列的异常状态。

（一）锐齿

锐齿是由于臼齿咬合面不规则磨耗，使上颌臼齿列的颊侧缘或下颌臼齿列的舌侧缘明显尖锐，同时咬合面变为倾斜的现象。

1. 病因　马的臼齿列由于解剖学上的缺陷，使上下臼齿的咬合面向下外方倾斜约60°角。另外，上颌臼齿的咬合面（因喉头的位置决定）比下颌臼齿宽广，因此上颌臼齿仅以舌侧缘的1/2与下颌臼齿颊侧缘的1/2部分相接触，这样经长时间的磨耗，易形成锐缘（上颌颊侧，下颌舌侧）锐齿。

2. 诊断　由于臼齿形成锐缘，常引起颊部黏膜或舌的损伤，从而使咀嚼功能发生障碍，病马表现咀嚼缓慢或在吃草时突然停止咀嚼，吐草流涎或颊腔内滞留大量草团。全身症状为营养不良、被毛粗刚、身体消瘦等。

3. 治疗　可用齿锉沿臼齿列的锐缘将尖锐的边缘锉平。用手触摸锐缘以不刺手为宜。锐齿进一步发展，使臼齿咬合面发生极度倾斜时，称为剪状齿。

（二）剪状齿

1. 病因　剪状齿只发生在一侧时，常因龋齿、齿槽骨膜炎、一侧性下颌骨折、颌关节炎等引起。因患上述疾病而发生咀嚼功能障碍，病马长期只以健侧咀嚼，使咬合面过度磨灭而发病。两侧性剪状齿的原因与锐齿相同。

2. 诊断　病马表现与患锐齿的症状基本相同，只是表现更为明显。甚至有时损伤硬腭或造成穿孔。

3. 治疗　可用齿刨或齿剪除去锐利边缘，然后用齿锉修整锉平即可。如口腔或舌有损伤时，应彻底冲洗口腔后涂布碘甘油。

（三）过长齿

为上、下臼齿中的某一臼齿过长，突出于咬合面。

1. 病因 本病常由于相对臼齿缺失，或因某种原因使相对齿部分缺损而引起。另外，牙体发育不良、齿质脆弱为本病的诱因。

2. 诊断 过长齿在临床上多见于马的上颌第一臼齿和下颌第六臼齿，但其他臼齿也有发生。当下颌臼齿过长时，往往会损伤硬腭，有时甚至穿通硬腭而开口于鼻腔。病马采食、咀嚼均发生障碍。开口检查可见高出于咬合面的过长齿。

3. 治疗 可用齿剪将过长部分剪断，再以齿锉将断端锐茬锉平。最后以0.1%高锰酸钾液冲洗口腔。若口内有损伤，在洗净口腔后，创面涂以碘甘油。

九、创伤

由机械性原因造成皮肤、黏膜的完整性破坏，而且多伴发深部组织的损伤称为创伤。

1. 病因 各种机械性外力作用引起。

2. 症状

（1）共有症状 出血，裂开，疼痛，机能障碍。

（2）特有症状 毒创（毒蛇咬、蜂蛰）局部伤口小，迅速肿胀、疼痛，全身症状很快出现而且较重。头部创伤表现为脑震荡，脑内出血、休克、瘫痪，面神经麻痹，口眼歪斜，饮水障碍。腹部创伤表现为肠脱出、内脏破裂，内出血，腹膜炎。四肢创伤表现为跛行。

3. 治疗 原则是抗休克，纠正水和电解质失衡，小创伤可局部治疗，大创伤局部加全身治疗。预防和消除创伤感染，促进和保护肉芽再生，新鲜创防止感染，化脓创消除感染。保证营养供应，增强机体抵抗力。

（1）创伤的外科处理

①创伤清净术 创围剪毛、清洗，取出创内的组织碎片及异物，应用化学防腐剂清洗创面，包扎保护性绷带等，适用于新鲜创和陈旧创。

②扩创术 目的是扩开创伤，保证创液或脓汁能顺利排出和导入防腐剂引流。包括造反对孔和辅助切口。

③创伤部分切除术 除去严重污染和失去血液供应的坏死组织及损伤严重的组织，以期在非损伤组织界限内造成一个创缘、创壁平整的近似于新鲜的手术创。术后根据情况进行密闭缝合或开放疗法。

④创伤的全部切除术 从创内除去全部污染和损伤的组织，在健康组织界

限内造成一个无菌的手术创。术后进行密闭缝合。

⑤创伤的二次缝合（肉芽创的缝合） 为了加速创伤愈合和使大创伤愈合后瘢痕范围小，可进行肉芽创的缝合。二次缝合的创缘可行阶段性接着，即缝合后先使创缘相应接着，经数日后再将缝合线拉紧使创缘完全接着。

(2) 创伤的安静疗法和运动疗法 创伤后的最初6～8d，伤口对感染及各种刺激的抵抗力都很弱。因此，使患病马匹保持局部和全身安静是非常必要的。根据情况局部可包扎绷带，必要时包扎夹板绷带或石膏绷带，创伤周围做普鲁卡因封闭等。当肉芽组织在创面上已形成完整的防卫面时，对患病马匹进行适当的牵遛运动，可加速创伤的愈合。

(3) 创伤的开放疗法和非开放疗法 创伤不包扎绷带称为开放疗法，包扎绷带称为非开放疗法。前者适用于创内有大量脓汁不断排出，已发生厌气性和腐败性感染或有上述感染可能者；有烧伤、褥疮、湿疹、化脓性窦道、分泌性及排泄性瘘管等。后者适用于四肢末端，有急性炎症、创伤水肿和干性败血性的创伤；在治疗过程中，需要及时合理地更换绷带。

(4) 创伤的引流及非引流疗法 当创内有血液及炎性渗出物潴留时应进行引流疗法。临诊上常用的是用灭菌纱布条做棉纱引流，适用于创液或脓汁较稀薄，并且量比较少的创伤。当创伤内炎性渗出物量大而黏稠时，最好使用胶管引流。要注意的是引流必须合理、正确，并适时更换和清洗。当创面小、创伤浅、创内血液及炎性渗出物较少时，不必引流。

(5) 创伤的化学防腐法 治疗创伤时，除采用外科处理的机械防腐和某些物理防腐方法外，为了加强治疗效果常用化学防腐法。化学防腐剂主要有：冲洗剂，0.9%生理盐水、3%过氧化氢溶液等；撒布剂；涂布剂，5%碘酊等；灌注剂，10%碘仿醚合剂、魏氏流膏等。

(6) 创伤的物理疗法 合理应用物理疗法可加速创伤的炎性净化和组织再生，有利于创伤的修复治愈。常用的光疗法有红外线、紫外线及激光疗法。常用的电疗法有直流电离子透入疗法（透入抗生素、碘离子、钙离子、锌离子等）、短波电疗法、超短波电疗法及微波电疗法等。

(7) 创伤的全身疗法 严重的创伤，特别是感染创，当患病马匹出现体温升高、精神沉郁、食欲减退等全身症状时，应及时进行全身疗法。为了防止创伤感染，应及时合理地选用抗生素药物。

十、关节扭伤

关节扭伤是指关节在突然受到间接的机械外力作用下，超越了生理活动范围，瞬时过度伸展、屈曲或扭转而发生的关节损伤。此病最常发生在系关节和冠关节，其次是跗关节、膝关节。

1. 病因　重度使役，急转、急停、转倒、失足蹬空、蹄夹于洞穴时急速拔腿、跳越障碍、装蹄失宜等引起，主要致病因素是机械外力作用下所引起的关节超出生理活动范围的侧方运动和屈伸。

2. 症状　患马表现疼痛、跛行、肿胀、温热和骨赘。病初患病关节触诊或他动运动疼痛明显，关节周围肿胀、增温，并可能出现波动。久之，局部由急性炎症转入慢性炎症，疼痛、肿胀、增温等表现均有好转，跛行症状减轻，但损伤部位可发生结缔组织增生和骨质增生，关节囊由软变硬。发病关节不同，跛行种类也有所不同，发生于腕、跗关节或腕、跗关节以上时，以混合跛为主，而系、指（趾）关节的扭伤以支跛为主。

3. 治疗　原则是制止出血和炎性发展，促进吸收、镇痛消炎、预防组织增生，恢复关节机能。

（1）制止出血和渗出　在伤后1～2 d内，绝对限制病马关节的活动，可用冷水浴或冷敷进行冷疗和包扎压迫绷带。

（2）促进吸收　当急性炎症渗出减轻后，应及时使用热敷等温热疗法，以促进吸收。

（3）镇痛　注射复方氨基比林合剂、安乃近、安痛定等。也可向患病关节内注射2%普鲁卡因溶液。

（4）装蹄疗法　当肢势不良、蹄形不正时，应在药物疗法的同时，进行合理的削蹄或装蹄。

十一、关节脱位

在外力作用下，关节两端的正常位置出现移位称为关节脱位。

1. 病因　机械外力的作用；先天性关节韧带和关节囊松弛，骨的两端构造不良等；骨软症，严重的骨折诱发。

2. 症状　关节变形，异常固定，患肢缩短或变长，机能障碍。

（1）髋关节脱臼　临床最多见的是上方脱臼，站立时患肢缩短，飞节比对侧高出数厘米，患肢内收，背侧面向外扭转，蹄尖向外，被动运动时患肢外展困难，内收容易。运步时患肢拖地同时向外划弧，患肢着地时股骨头和大转子顶住臀部肌肉发生局部隆起，患侧大转子距荐部背中线比健侧近 3 cm 左右。

（2）膝盖骨脱位　临床多见的是膝盖骨上方和外方脱位，内方脱位也有发生，但较少见（因股骨滑车内脊较高，不易脱出）。

①上方脱位　走路用力稍大，膝盖骨就被股四头肌牵引到滑车脊上方，出现跛行，再走一会膝盖骨又突然回到原位，跛行消失，交替往复。膝盖骨上方脱位时，患马站立运步，病肢均向后伸，膝关节及以下关节均伸展，不能屈曲，蹄尖着地，有时呈三条腿跳跃前进。触诊可发现膝盖骨固定于股骨内侧滑车脊顶端，三条直韧带紧张，内侧更明显（图 6－1）。

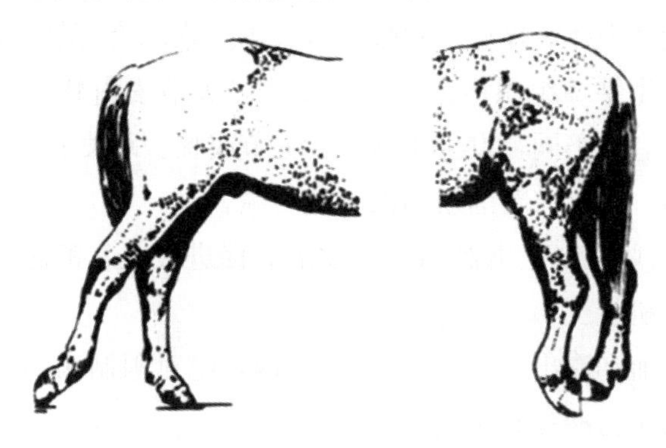

图 6－1　右后膝盖骨上方脱位，左后膝盖骨外方脱位

（资料来源：王洪斌，《家畜外科学》，2010）

②外方脱位　站立时膝、跗关节高度屈曲，患肢伸向前方，蹄尖着地。运步时患肢在负重瞬间，除髋关节外所有关节高度屈曲，呈现典型的支跛。触诊可发现膝盖骨向外方转位，膝内直韧带斜向外方出现断裂。

（3）球节脱位　如果是全脱，患肢不能负重，以三条腿跳跃前进。不全脱，呈显著支跛，多伴有韧带及关节囊的损伤。

3. 治疗

（1）髋关节脱臼　先进行全身麻醉，患肢在上横卧保定，然后进行整复。

（2）膝盖骨上方脱位　可进行站立或侧卧整复。

（3）膝盖骨外方脱位　使患肢稍伸展，术者从膝盖骨侧方把膝盖骨推入滑车沟内。

（4）球节脱位　横卧保定，病肢在上进行全身麻醉，患肢系部拴绳，助手沿肢体纵轴方向牵引，术者用手压迫脱位部位使其复位，然后打石膏绷带或夹板绷带固定。

十二、骨折

在外力的作用下使骨的完整性和连续性遭到破坏称为骨折。骨折常伴有软组织的损伤。临床上最常见的是四肢骨折，其他骨折较少见。

1. 病因　机械外力损伤，骨抗力降低。

2. 症状

（1）局部症状　患肢变形，异常活动，出现骨摩擦音、肿胀、疼痛、功能障碍。

（2）全身症状　四肢骨折一般全身症状不明显，闭合性骨折 2～3 d 后因组织破坏后分解产物和血肿的吸收，可引起轻度体温上升、剧痛，有时造成休克或感染化脓，也易造成骨髓炎，伴有精神沉郁、食饮欲下降等。

3. 治疗

（1）急救　首先要用绷带或干净的布块局部包扎，包扎时应把骨折处的上下关节一起固定，包好后外用夹板，然后送到兽医院治疗。

（2）整复　闭合性的骨折且是长骨和肌肉少的部位，使用手法整复；肌肉多、手法整复困难和粉碎、开放性骨折，使用手术整复。整复好的患肢（标准）：轴的方向应和原来的一致，肢的长短应和健肢一致，原正常突起和正常凹陷的部位都恢复原状。

（3）固定　外固定：就是在皮肤外进行固定，用夹板绷带、石膏绷带、石膏夹板绷带等固定。内固定：用手术方法切开皮肤，沿肌缝方向直达骨面，然后根据不同的骨折，用不同的工具进行固定（图 6-2）。

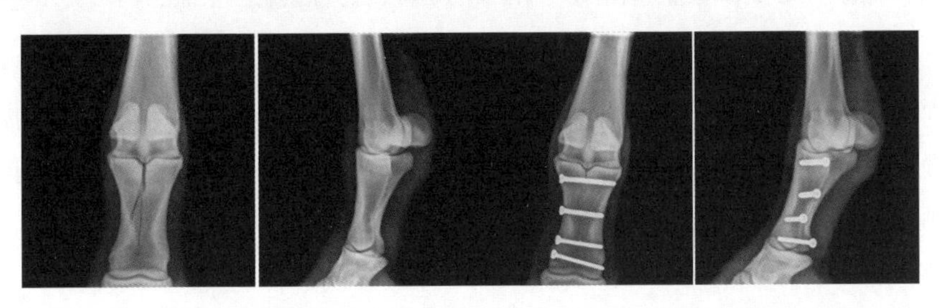

图 6-2　趾骨骨折正面、趾骨骨折侧面、内固定正面和内固定侧面

（资料来源：Wellington Equine Association）

十三、指屈肌腱炎和悬韧带炎

指屈肌腱炎和悬韧带炎是指浅屈肌腱、指深屈肌腱和悬韧带的炎症，是四肢主要常发病之一。马的屈腱炎多发生于前肢。

1. 症状

（1）屈肌腱炎　驻立视诊时：患肢常向前伸出，呈稍息姿势，腕部微屈，系部直立，蹄尖着地或蹄底前半部着地负重。指浅屈肌腱肿胀严重时，掌后中部隆起，多柔软或稍坚硬。病久则屈腱挛缩，可表现腱性突球或滚蹄症状。运动时呈轻度或中度混合跛行，抬不高，步幅短。快步行走经常出现磋跌。患肢着地时，头部或臀部高抬，跛行随运动加剧。纤维破坏严重时呈乱麻样，沿腱的长轴弥散性肿胀（图 6－3），病久形成坚硬的瘢痕组织，有时与指深屈肌腱粘连，呈球状硬结（图 6－4）。受伤部位的肌腱常常伴发水肿。触诊检查：应当分别在前肢负重和不负重的情况下对肌腱和韧带仔细触诊。负重时，肿胀可通过与对侧肢比较得出（两侧疾病也是常见的）。新伤柔软，旧伤坚硬。触诊时可发现屈腱部位有肿胀、变硬、增温、疼痛等炎症反应，指压留下压痕。急性炎症，患部增温肿痛明显。慢性炎症，屈腱肥厚，压之较为坚硬，病久屈腱挛缩，形成突球滚蹄。

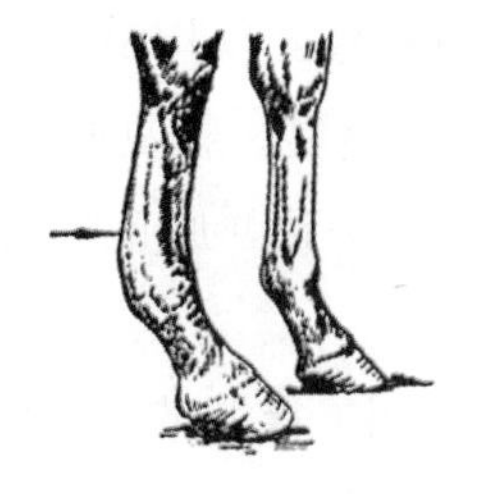

图 6－3　指浅屈肌腱炎（全腱肿胀）
（资料来源：王洪斌，《家畜外科学》，2010）

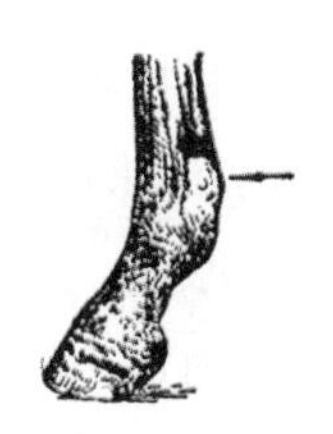

图 6－4　指浅屈肌腱炎（籽骨上方肿胀）
（资料来源：王洪斌，《家畜外科学》，2010）

（2）悬韧带炎　病马站立时，半屈曲腕、系关节，并伸向前方，保持系骨直立状态。运动时呈支跛。慢性经过时，肿胀变硬。盘尾丝虫引起的悬韧带炎为慢性炎症过程，患部呈结节状无痛性肿胀，有时浮肿。经过良好的病例，患部钙化，纤维组织增生，韧带粗而厚，表面凹凸不平。

2. 治疗

（1）指深屈肌腱炎　原则上加大蹄的角度，以侧望与指轴一致为标准，适当切削蹄尖部负面，装厚尾蹄铁，抑或加橡胶垫。蹄铁的剩缘、剩尾应多些，上弯稍大些。

（2）悬韧带炎　原则上使蹄的角度略低于指轴为标准。悬韧带分支发生炎症时，轻度切削发炎侧蹄踵负缘，但要求蹄负缘的内外等高。

（3）指浅屈肌腱炎　基本同悬韧带炎的装蹄疗法。

3. 预防　对不满 2 岁或不老实的马，防止载运过重和激烈奔跑。在偶然剧烈使役后，应在水边或水池中进行蹄浴。要进行定期检查，遵循早发现、早预防、早治疗的原则。

十四、蹄叶炎

蹄真皮的弥散性、无菌性炎症称为蹄叶炎。常发生在马的两前蹄，也可发生在所有四蹄，或很偶然地发生于两后蹄或单独一蹄发病。

1. 病因　致病原因尚不能确切肯定，一般认为本病属于变态反应性疾病，但从疾病的发生看，可能为多因素的。可在腹泻、过劳性肌肉病、胎衣不下和对侧肢骨折等疾病经过中发生；也可由过食谷物引起，乳酸杆菌大量繁殖，肠道大量的革兰氏阴性杆菌被消除，产生大量乳酸和内毒素而引发。长期使役、缺乏运动、冷性应激等也可诱发本病。

2. 症状　患急性蹄叶炎的马匹，精神沉郁，食欲减少，不愿意站立和运动。为避免患蹄负重，常出现典型的肢势变化，两前蹄蹄叶炎，前肢向前伸出，后肢置于躯体之下，以蹄踵承担体重（图 6－5）。触诊病蹄可感到增温。叩诊或压诊时，相当敏感。可视黏膜常充血，体温升高到 40～41℃，脉搏数 80～120 次/min，呼吸变快。

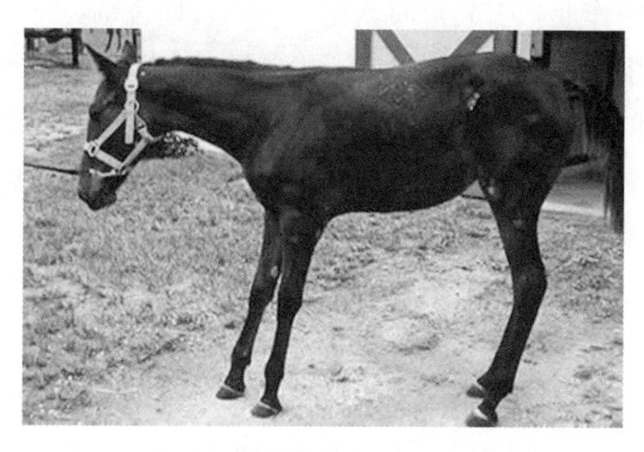

图 6－5　两前蹄蹄叶炎的站立姿势

（资料来源：《默克兽医手册》）

3. 治疗　治疗急性和亚急性蹄叶炎可按除去病因、解除疼痛、改善循环、防止蹄骨转位等原则进行治疗。

（1）急性蹄叶炎的治疗措施　包括使用非甾体类固醇类镇痛药、消炎剂、扩血管药，抗内毒素疗法、抗血栓疗法，合理削蹄和装蹄（图6－6），必要时使用手术疗法。还可使用抗风湿疗法：用柴胡注射液配合地塞米松注射液。

图6－6　蹄叶炎病蹄的装蹄
（虚线代表削切的部分）
（资料来源：王洪斌，《家畜外科学》，2010）

（2）慢性蹄叶炎的治疗　用蹄刀和电动锉清除掉与健康蹄叶附着的部分蹄背侧壁，切除后不要包扎绷带，用硫柳汞进行局部治疗。蹄底部、蹄真皮和蹄叶坏死区要清除到健康组织。蹄底的缺损要用绷带包扎，直到角质化为止，以后不要再包扎。装蹄疗法见图6－6。也可使用针灸疗法：放患蹄蹄头血。

十五、蹄叉腐烂

蹄叉腐烂是蹄叉真皮的慢性化脓性炎症，伴发蹄叉角质的腐败分解，是常发蹄病。

本病为马属动物特有的疾病，多为一蹄发病，多发生在后蹄。有时两三蹄，甚至四蹄同时发病。

1. 病因　蹄叉角质不良，厩舍和系马场不洁、潮湿，粪尿长期浸渍蹄叉，马匹经常在泥水中作业，引起角质软化。马匹长期舍饲，不经常使役，不合理削蹄，如蹄叉过削、蹄踵壁留得过高、内外蹄踵切削不一致等，都可影响蹄叉的功能，使局部的血液循环发生障碍；不合理的装蹄，如马匹装以高铁蹄铁，运步时蹄叉不能着地，会引起蹄叉发育不良，进而导致蹄叉腐烂。

2. 症状　前期症状可在蹄叉中沟和侧沟，通常在侧沟处有黑色的恶臭物，这时没有机能障碍，只是蹄叉角质腐败分解，没有伤及真皮（图6－7）。如果真皮被侵害，立即出现跛行，走软地或沙地特别明显。运步时以蹄尖着地，严重时呈三脚跳。蹄底检查可见蹄叉萎缩，甚至整个蹄叉腐败分解，蹄叉侧沟有污黑色恶臭物。当从蹄叉侧沟或中沟向深层探诊时，患马表现高度疼痛，用检蹄器压诊时，也表现疼痛。

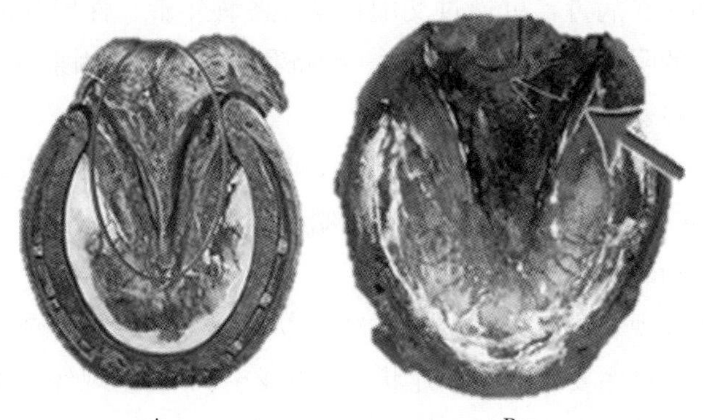

图 6-7　正常蹄部与发生蹄叉腐烂蹄部比较

A. 正常蹄　B. 病蹄

（资料来源：Equinehoofpro. com）

3. 治疗　将患马放在干燥的马厩内，使蹄保持干燥和清洁。用 0.1%升汞液或 2%漂白粉液或 1%高锰酸钾液清洗蹄部。除去泥土粪块等杂物，削除腐败的角质。再次用上述药液清洗腐烂部，然后注入 2%～3%福尔马林溶液。用麻丝浸松馏油塞入腐烂部，隔日换药，效果很好。

可用装蹄疗法协助治疗，为了使蹄叉负重，可适当削蹄踵负缘。为了增强蹄叉活动，可充分削开蹄踵部，当急性炎症消失以后可给马装蹄，以便患蹄更完全着地，加强蹄叉活动。装以浸有松馏油的麻丝垫的连尾蹄铁最为合理。

第四节　主要传染病

一、马流行性感冒

马流行性感冒简称马流感，是由 A 型流感病毒引起马属动物的一种急性高度接触性呼吸道传染病。临床特点是发热、咳嗽、流浆液性鼻液，母马流产。

1. 病原　马流感病毒感染，其中以 A 型流感病毒的致病性最强。流感病毒对环境的抵抗力相对较弱，高热或低 pH、非等渗环境和干燥均可使病毒灭活。

2. 流行特点　马流感主要由 H7N7 和 H3N8 亚型病毒引起，患马是主要传染源。病毒随呼吸道分泌物排出体外，通过空气飞沫经呼吸道感染。康复公马精液中长期存在病毒，可通过交配传染。各种年龄、性别和品种的马均易感。天气多变的阴冷季节多发，运输、拥挤和营养不良等因素也可诱发。多发生于秋末至初春季节。

3. 症状　病马精神委顿，食欲降低，呼吸和脉搏加快。眼结膜充血、浮肿，大量流泪。病马在发热期常表现肌肉震颤，肩部肌肉最明显。病马因肌肉酸痛而不爱活动。

典型病例表现发热，体温上升到39℃以上，稽留1～2 d或4～5 d，然后慢慢降至常温。最主要的临床诊症状是最初2～3 d内呈现经常的干咳，随后逐渐变为湿咳，持续2～3周。

4. 诊断　依据流行病学和临床症状可做出初步诊断。采集分泌物或血液送实验室检测可以确诊。

5. 防治　本病目前尚无有效的治疗药物。一般用解热镇痛药对症治疗，用抗生素或磺胺类药物控制继发感染。

平时预防应加强饲养管理，保持厩舍清洁、干燥、温暖，防止寒风侵袭，定期消毒。发生本病时，要立即隔离、消毒、治疗。注射马流感疫苗可有效预防本病的发生。

二、马腺疫

马腺疫俗称喷喉，又名槽结，是由马链球菌马亚种引起的马属动物的一种急性传染病。典型特征为患马伸头直颈，体温升高，水草难咽，鼻流脓涕，咽喉、槽口热痛，下颌淋巴结肿胀以至化脓破溃。

1. 病原　病原为马链球菌马亚种，菌体呈球形或椭圆形，以相等的间隔排列，不形成芽孢，也不运动，但能形成荚膜（图6－8），革兰氏染色阳性。对龙胆紫、青霉素、磺胺类药物敏感。

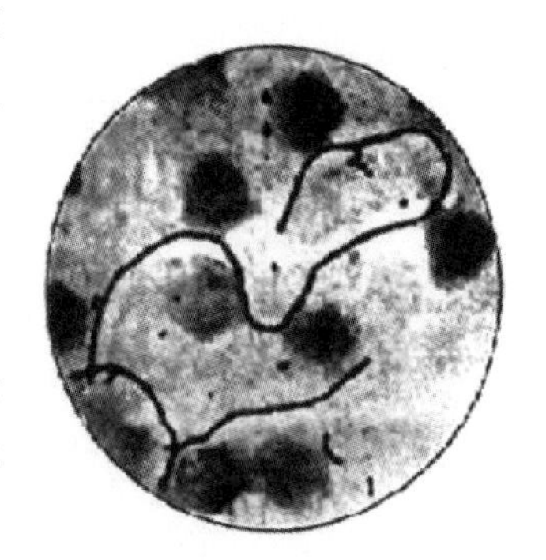

图6－8　马链球菌马亚种

（资料来源：Hutyra）

2. 流行特点　4月龄至4岁的马最易感，尤以1岁左右的幼驹发病最多。4月龄以下的幼驹和老龄马发病较少。多发生于春、秋季节，其他季节多呈散发。

3. 症状

（1）一过型腺疫　主要表现鼻黏膜卡他性炎

症，鼻黏膜潮红，流浆液或黏液性鼻液，体温微高，下颌淋巴结稍肿。

（2）典型腺疫　体温升高至 39～41℃，呼吸、脉搏均加快，结膜潮红黄染。随后发生鼻卡他性炎症，鼻液由浆液性变黏液性，直至变为黄白色脓性。当炎症波及咽喉时，可有咳嗽，呼吸及咽下困难。在鼻流浆液时，下颌淋巴结肿胀，达鸡蛋至拳头大，并波及周围组织甚至颜面部和喉部，初硬固热痛，此时体温略降；之后逐渐变软，体温又复上升，继之脓肿破溃（图 6－9）。之后体温下降，炎性肿胀及全身状况好转，创腔内肉芽组织增生，病马逐渐痊愈，病程 2～3 周。

图 6－9　马腺疫病马下颌淋巴结肿大破溃

（3）恶性型腺疫　如病原菌转移到其他淋巴结，特别是咽淋巴结、肩前淋巴结及肠系膜淋巴结，甚至肺和脑等器官，造成多部位或大面积化脓性炎症，马常因极度衰弱或继发脓毒败血症而死亡。

4. 防治　治疗因下颌淋巴结肿胀程度和全身性症状而异。

（1）炎性肿胀期治疗　在淋巴结轻度肿胀且未发生化脓时，可局部应用樟脑酒精、复方醋酸铅等轻刺激剂，同时应用磺胺类药物或青霉素。

（2）化脓期治疗　当肿胀较大、硬固、无波动时，可涂 10%～20%松节油软膏等强刺激剂，促使其成熟。对柔软而波动的成熟化脓者，切开充分排脓，再按化脓创治疗。体温超过 39.5℃，可使用磺胺类药物或青霉素治疗。

（3）并发症的治疗　可外敷醋酸铅治疗其他部位的肿胀，对咽炎和窒息需对症处理。

注射疫苗可预防本病。平时应加强饲养管理，增强体质。在流行时对未发病马驹用磺胺类药物预防。

三、马鼻肺炎

马鼻肺炎是马属动物几种高度接触传染性疾病的总称。临床上幼驹表现鼻肺炎症状，呈现流感样症状，发热，白细胞减少和呼吸道卡他性炎症；孕马流产，故有马病毒性流产之称。

1. 病原　马鼻肺炎病毒分别是疱疹病毒科的马疱疹病毒 1 型（*Equine*

herpesvirus－1，EHV－1）和马疱疹病毒4型（EHV－4）。EHV－1又称胎儿亚型，主要引起流产。EHV－4又称呼吸系统型，主要引起呼吸道症状。EHV－1和EHV－4比较脆弱，对各种理化因素的抵抗力均较弱，但附着于马毛的病毒能保持感染性35～42 d。

2. 流行特点　病马和康复后带毒马是本病的主要传染源。病毒存在于病马的鼻汁、血液和粪便中，流产马的胎膜、胎液和胎儿组织内含有大量的病毒。仅马属动物感染，以2岁以下的马多发，3岁以上的马多呈隐性感染。主要通过呼吸道感染，多发生于秋冬和早春季节。

3. 临床症状　EHV－1和EHV－4感染马匹后可引起不同类型的疾病及症状：

（1）呼吸道疾病　潜伏期为2～4 d，偶有达1周者。EHV－1和EHV－4均可引发该型疾病。常见鼻肺炎症状，病驹体温升高至39.5～41℃，流出大量浆液乃至黏脓性鼻液，鼻部黏膜和眼结膜充血。在体温升高的同时，白细胞数量下降。病程可持续1～3周。幼驹有时发生病毒性支气管肺炎。

（2）流产和新生幼驹疾病　EHV－1是一种重要的流产病原。潜伏期长短不一，短则9 d，长者达4个月。妊娠马的感染不易察觉，有时出现腿部肿胀、食欲减退。母马可在初次感染的数月或数年后发生不明原因的流产，无胎衣滞留现象。其引发的流产中有95%发生在妊娠的后4个月，在妊娠期前6个月流产的胎儿常发生自溶现象。流产后的病马能很快恢复正常，也不影响以后的配种。

4. 防治　加强饲养管理，使患马安静休息。继发细菌感染时，可选用磺胺类药物及抗生素进行治疗。流产母马需用消毒剂冲洗马尾和后肢。

注射疫苗可预防本病。平时应加强妊娠马的饲养管理，不使其与流产马、胎儿和患驹接触。对流产马应及时隔离，并对其污染的环境和流产后的分泌物、排泄物及胎儿等进行严格的消毒处理。

四、破伤风

破伤风又称强直症，俗称锁口风，幼驹破伤风又叫脐带风，是由破伤风梭菌引起的一种人兽共患传染病。其特征是全身肌肉呈强直性痉挛，对外界刺激的反射兴奋性增高，常发生于钉伤、刺伤、去势伤、鞍伤、笼头伤和脐部感染等之后。

1. 病原　由破伤风梭菌感染引起，破伤风梭菌为大型厌氧性革兰氏阳性杆菌，为细长的杆菌，多数菌株有周身鞭毛，能运动。

破伤风梭菌在动物体内和培养基内均可产生几种破伤风外毒素，最主要的为痉挛毒素，是一种作用于神经系统的神经毒素，能引起动物特征性强直。

2. 流行特点　本菌广泛存在于自然界，如土壤、腐臭的淤泥中等。感染常见于各种创伤，如断脐、去势、产后，耳后方、头部正中的笼头勒伤、蹄底或蹄叉的刺创以及其他伤口小而深的创伤等。

3. 症状　初期病马表现对刺激的反射兴奋性增高，稍有刺激即高举其头，瞬膜外露，直接出现咀嚼缓慢、步态僵硬等临诊症状。随病情的发展，出现全身性强直痉挛。轻者口少许开张，采食；重者开口困难、牙关紧闭，无法采食和饮水，吞咽困难，唾液积于口腔而流涎，口臭。头颈伸直，两耳竖直，鼻孔开张；粪尿潴留，甚至便秘；四肢腰背僵硬，腹部蜷缩，尾根高举，四肢如柱，形如木马，行走困难，各关节屈伸困难，易跌倒，且不易自起。

4. 诊断　依据外伤病史和临床症状即可做出诊断。

5. 防治　治疗应采取以下措施：尽快查明感染的创伤，清除创内的脓汁、异物、坏死组织及痂皮，对创深、创口小的要扩创，以5%～10%碘酊和3%双氧水或1%高锰酸钾消毒，再撒以碘仿硼酸合剂，然后用青霉素、链霉素做创周注射，同时用青霉素、链霉素做全身治疗。早期使用破伤风抗毒素。马兴奋不安和强直痉挛时，可使用氯丙嗪镇静。可用25%硫酸镁肌内注射或静脉注射，以缓解痉挛。对咬肌痉挛、牙关紧闭者，可用1%普鲁卡因溶液于开关穴和锁口穴处注射。

预防本病，平时要防止马匹受伤。一旦发生外伤，要注意及时处理，对深的创伤除用外科处理外，应肌内注射破伤风抗血清。在常发地区，应定期接种破伤风类毒素。

五、马皮肤真菌病

马皮肤真菌病又称脱毛癣，是由多种皮肤真菌感染引起的一种慢性皮肤传染病。其特征是在马的皮肤、指（趾）及蹄等部位形成界限明显的圆形、不正圆形或轮状癣斑，表现为脱毛、脱屑、渗出、痂皮及痒感等症状。

1. 病原　病原主要是毛癣菌属及小孢霉菌属。皮肤真菌对外界具有极强的抵抗力，耐干燥，在皮肤鳞屑或毛内能抵抗100℃干热1 h，110℃加热1 h才能杀死。但对湿热抵抗力不太强。对一般浓度的常用消毒药耐受性很强，制霉菌素、两性霉素B和灰黄霉素等对其有抑制作用。

2. 流行病学　真菌可依附于动、植物体上，停留在环境或生存于土壤之中，在一定条件下，感染人、马。通过与病马直接接触，或通过污染的饲槽、刷拭用具、鞍具等间接接触，经皮肤传染。幼驹较成年马易感。马营养不良，皮肤和被毛卫生较差，环境气温高，马厩潮湿、污秽、阴暗等有利于本病的传播。本病全年均可发生，但以秋末至春初舍饲期多发。

3. 症状　真菌孢子污染损伤的皮肤后，在表皮角质层内发芽，长出菌丝，蔓延深入毛囊。表皮很快发生角质化和引起炎症，结果皮肤粗糙、脱屑、渗出和结痂。主要发生于头、颈、肩、体侧、背和臀部等处。患部多为斑状或轮状脱毛癣。有的患部发生丘疹、水疱，破溃干燥后形成薄痂。同时皮肤增厚、粗糙，有面粉样鳞屑，病变部被毛从皮肤表面折断而脱落（看似呈被剪过的短毛），癣斑不断扩大，融合成不规则的癣面。

4. 诊断　确诊应做微生物学检查。在病、健皮肤交界处刮取少许鳞屑或拔取一些脆而无光沾有渗出物的被毛，剪下癣痂或将刮取的皮肤鳞屑置于载玻片上，加10%氢氧化钠溶液1滴。盖玻片覆盖，微加热3～5 min，用低倍和高倍镜观察有无分枝的菌丝及各种孢子。被小孢霉菌属感染者，常见菌丝及小分生孢子沿毛根和毛干部生长，并镶嵌成厚屑，孢子不进入毛干内。毛癣菌属感染者，孢子在毛干外缘、毛内或毛外（大部在毛干内）平行排列成链状。必要时可进行人工培养和动物试验。

5. 防治　治疗病马时，局部先剪毛，用肥皂水洗去痂皮，涂擦5%碘酊、10%水杨酸酒精或5%～10%硫酸铜液等，每天或隔天1次，直至痊愈；或直接用以下药物涂擦：水杨酸软膏、制霉菌素软膏、多聚醛制霉菌素软膏、2%益康唑软膏等，均有良好的治疗效果。

平时预防应加强饲养管理，搞好厩舍及马体皮肤卫生，经常检查体表有无癣斑和鳞屑；及时刷洗被毛，刷拭用具及鞍具要固定马匹专用；发现病马及时隔离治疗，避免与健康马接触；对污染的厩舍及用具等用2%火碱、0.5%过氧乙酸或次氯酸钠消毒；保持厩舍干燥通风。饲养人员应注意防护，以免受到传染。

第五节　检疫与消毒

一、检疫

马匹检疫是预防重点疫病发生和传播的有效途径，每半年要对马传染性贫血、马鼻疽、马鼻肺炎、马流产等常见传染病进行一次检疫。

1. 临床初检　临床初检是日常性工作，马疫病有群发性、季节性、流行性等特点，依据马匹出现体温升高和临床症状等，兽医要做出初步诊断，隔离观察，加强防范。

2. 采血送检　马匹采血检测是快捷有效的检疫方法之一，是确诊定性的常用方法。采集静脉血液，分离血清送县级动物疫病预防控制中心或相关检疫检验单位检测。发现阳性立即按规定处理。

3. 点眼　马鼻疽检疫常用鼻疽菌素点眼法。点眼前必须两眼对照详细检查眼结膜，眼结膜正常者方可进行点眼。间隔 5～6 日进行两次点眼算作一次检疫，每次点眼用鼻疽菌素原液 3～4 滴（0.2～0.3 mL）。两次点眼必须于同一眼中，一般应点于左眼。点眼时间应在早晨进行，以使三次判定时间都在白天。分别在点眼后 3 h、6 h、9 h 共检查 3 次，并尽可能做到第 24 h 再检查一次。判定为阳性者按规定处理。

二、消毒

马场消毒是落实预防为主方针的重要措施，目的是消灭传染源散播于外界环境中的病原微生物，切断传播途径，阻止疫病发生和蔓延。因此，定期和临时对马厩、实验室、周围环境、粪污等进行消毒，对马匹防疫和安全生产，保障人员健康具有十分重要的意义。

1. 马场大门　大门口外设消毒池，垫麻袋、草垫等，经常补充 4%氢氧化钠溶液或 10%～20%石灰乳混悬液，用于入场车辆消毒。大门内设消毒室，室内两侧、顶壁设紫外线灯，地面设消毒池或浸透 4%氢氧化钠溶液的多层麻袋片。入场人员踩过经消毒室消毒，穿专用工作服，做好登记后进入。

2. 马厩　首先应进行清扫，后用消毒液喷雾或对用具刷洗消毒。马厩夏季应每周、冬季每两周消毒 1 次，先地面，后顶棚、墙壁、饲槽等。地面用 2%～4%氢氧化钠，其他部位用 0.5%过氧乙酸或用 1∶（1 800～3 000）的百毒杀消毒。

3. 运动场　场地表面可用10%漂白粉溶液或4%氢氧化钠溶液喷洒消毒；围栏用0.5%氯胺、次氯酸钠有效氯含量0.05%的溶液消毒。

4. 采精室、实验室　工作季节每周消毒1次。地面、实验台、墙壁等用氢氧化钠、过氧乙酸等消毒。

5. 粪便　马的粪便消毒方法有多种，最实用的方法是生物热消毒法。将马粪堆积起来，喷少量水，上面覆盖塑料膜封严，堆放发酵30 d以上，即可作肥料。

6. 污水　最常用的方法是将污水引入处理池，加入化学药品（如漂白粉或其他氯制剂）进行消毒，用量视污水量而定，一般1 L污水用2～5 g漂白粉。

7. 运输车辆　对运送过马匹及其产品的车辆先行清扫清理，再用含有2%～5%活性氯的漂白粉液或4%氢氧化钠溶液洗涤。清除出的粪便、垃圾须经生物热处理。

8. 周围环境　生产区环境每日清扫，保持整洁干净。夏季每2周、冬季每月用石灰乳、氢氧化钠等消毒一次。

三、常用消毒药与使用浓度

1. 氢氧化钠（苛性钠、烧碱）　2%～4%溶液用于厩舍、地面和用具等消毒。

2. 石灰乳　石灰乳配制时生石灰（氧化钙）1份加水1份制成熟石灰（氢氧化钙），然后用水配成10%～20%的混悬液，用于地面、墙壁、圈栏等消毒。

3. 漂白粉　其主要成分为次氯酸钙，遇水产生极不稳定的次氯酸，通过氧化和氯化作用而呈现强大而迅速的杀菌作用。有效氯含量一般为25%～30%，常用浓度为5%～20%。一般用于畜舍、地面、水沟、粪便、运输车船、水井等消毒。

4. 氯胺　为结晶粉末，含有效氯11%以上。消毒作用缓慢而持久，可用于饮水（0.000 4%）器具和畜舍的消毒（0.5%～5%）等。

5. 次氯酸钠　次氯酸钠原液中有效氯含量为10%～20%，器具、环境消毒常用有效氯含量为0.05%的溶液。

6. 二氯异氰尿酸钠　为新型广谱高效安全消毒剂，对细菌、病毒均有显著的杀灭效果。1∶200 或 1∶100 水溶液可用于喷洒厩舍地面和器具等消毒。

7. 过氧乙酸　市售成品有 40%水溶液，本品为强氧化剂，除金属制品和橡胶外，可用于消毒各种物品。0.2%溶液用于浸泡污染的各种耐腐蚀的玻璃、塑料、陶瓷用具等；0.5%溶液用于厩舍地面、墙壁、食槽等；用 5%溶液按每立方米 2.5 mL 量喷雾消毒密闭的实验室、无菌室、仓库、加工车间等。

8. 新洁尔灭、洗必泰、消毒净、度米芬　这 4 种都是季铵盐类阳离子表面活性消毒剂。新洁尔灭为胶状液体，其余为粉剂，均易溶于水。0.1%水溶液浸泡器械（如为金属器械需加 0.5%亚硝酸钠以防锈）、玻璃、搪瓷、衣物、敷料、橡胶制品；皮肤消毒可用 0.1%新洁尔灭溶液或消毒净溶液，或用 0.02%～0.05%洗必泰，消毒皮肤的效果与碘酊相同。0.01%～0.02%洗必泰用于伤口或黏膜冲洗消毒。

第七章 德保矮马马场环境与建设

第一节 场址与布局

由于马场的功能和规模不同，马场在设计、建筑、布局和管理方面也有很大的不同。只有建设适用本场发展方向、结构合理、管理科学的马场才能达到预期的效果。

一、场址选择

矮马场选址应符合国家法律、法规的有关规定，符合所在地县级以上土地利用规划。在当今土地资源日益紧张的情况下，选出理想的场址是比较困难的，可选的余地较小，但可根据场址的情况进行整合、设计。

新建场时一般要充分考虑建场的必要条件，选址主要注意以下几个方面：

1. 地势地形　地势应较周边地段稍高，地形应相对平坦或略有些倾斜，坡度2%～6%可利于快速排水。原产地为山区需考虑选择稍平缓坡，总坡度不超过25%的向阳坡面，避开坡底和谷地。

2. 气候　向阳、避风，保持自然光线充足。产区要迎向夏季主风向，但也应避免阳光过分暴晒。山区不应选择风口位置。

3. 水源水质　水源应充足，外来水源距离矮马场较近，冬天要防止冰冻；若以地下水供给为主，需提前掌握地下水源状况，通过打井等方式获知。水质要好，符合人、马饮水质量标准规定，必要时提取水样到当地质检部门分析化验。

4. 土壤土质　地质和土壤土层状况应适合建场，土壤干燥为佳。矮马场土质以砂壤土为最优，过分黏质或沙化、多碎石或盐渍化的土壤均不适合。

5. 地理位置与交通　交通方便，距离生活饮用水源地、动物屠宰加工场所、动物和动物产品集贸市场 500 m 以上；距离种畜禽场 1 000 m 以上；距离动物诊疗场所 200 m 以上；与其他畜禽养殖场（养殖小区）之间距离不少于 500 m；距离动物隔离场所、无害化处理场所 3 000 m 以上；距离城镇居民区、文化教育科研等人口集中区域及公路、铁路等主要交通干线 500 m 以上。

6. 排水与供电　排水应方便，必须考虑地表水和地下水综合排放的问题，特别要注意马厩、院落、马匹洗浴、冲洗车辆处的排水系统。供电稳定可靠，场内最好自备小型发电机用于应急。

7. 防疫　考虑马匹防疫安全，不能选址在居民点的污水排出口，也不要在化工厂、屠宰场等易产生污染企业的下风向或附近。与其他马场之间应有隔离带或缓冲带。

8. 周围环境　周边环境相对安静、无污染，尽可能不对周围地段造成气味、粪污、蚊蝇等方面的影响。

选址是一个非常重要的问题，需多方听取意见，特别是专家的意见，慎重进行决策。

二、布局

（一）功能区划分

矮马场的布局分为生活管理区、饲养区、运动区、放牧区、粪污处理区和病畜隔离区，各区应相对地隔离。一般情况下，生活管理区建在场区常年主导风向的上风向和地势较高的地段。运动区放在生活管理区和饲养区之间，有些草坪、景观、表演台、室内马场也放在此位置。矮马场的布局各式各样，有很多的文化成分在内，如雕塑、园林、建筑风格等。粪污处理区和病畜隔离区设在饲养区外围常年主导风向的下风向地势较低处，应有单独通道，场区内净道和污道应分开，互不交叉。

（二）占地面积

根据矮马饲养规模和发展目标确定场址的占地面积。一般矮马场所包含的占地项目见表 7 - 1。不同性质、不同环境条件、不同项目内容，变化很大，有些不是必需的。

表 7-1 矮马场占地面积综合项目参考

项 目		单位	参考占地面积（m²）	备 注
马厩				
	母马厩	个	12	最小不能低于 9 m²，一般双列式
	育成马厩	个	8	以 6～10 匹为一厩
	公马厩	个	14	一般是单列式
	一般马厩	个	10	单列或双列式
	临时马厩	个	9	单列或双列式
放牧场		个	3 000	天然或人工草地
运动场				
	单匹活动场	个	100	场地不足可用人工骑乘或遛马机
	公马活动场	个	100	场地不足可用人工骑乘或遛马机
	多匹活动场	个	600	场地不足可用人工骑乘或遛马机
	障碍训练场		>4 000（室外） >1 200（室内）	考虑面积增加因素：①规定面积周边要有缓冲地带；②是否有观众观看占地需求
赛马（训练）场				
	跑道	个	500、800、1 200 m 等	跑道周长按实际需要和条件设定
	设施	套	围栏、平地机、摄像仪器等	根据情况设置
附属建筑				
	兽医室	间	20	一般 3 间以上。有配种任务的可与配种室设计在一起
	洗刷间	间	>8	间数根据马匹多少而定。一般 10 匹马需要一个冲洗间
	自动马机	个	100	根据存栏数量确定占地大小
	饲料库（间）	间	20	饲料贮存、调配、加工等
	饲草库	间		根据矮马数量和饲草周转确定
	室内马场	个	>1 200	
	门卫	间		根据条件和需要设定
饲料地			按条件许可	根据条件和需要设定
绿化地			按实际需要	根据条件和需要设定
道路			按实际需要	根据条件和需要设定
其他			按实际需要	如展示园（地）、娱乐园（地），等等

矮马数量、使用性质、具体条件等不同，矮马场占地面积和标准有较大不同，也有很强的专业性，有些外观可以看到，有些与其他项目关联，需要进行专家咨询和专门设计。

第二节　建筑与设施

一、马厩建设

马厩是马场建设的主体之一，马厩设计要因地制宜，以经济实用、坚固安全为原则。马厩要干燥、通风、采光良好，管理方便，供水供电平稳，排水良好，设施确保人马安全。建筑设计与材料在南北方差异很大。北方要注意防寒保暖，南方要注意通风隔热。

（一）马场建设的原则

1. 便利适用原则　方便饲养管理、训练调教，日常工作简便有序。

2. 马匹福利原则　主要考虑马匹的健康和愉快，有利于发挥马匹潜能和运动性能。

3. 安全原则　注重出入安全、防疫安全、人马安全等。

4. 文化、艺术性原则　符合现代马业发展要求，注入文化艺术内涵。

5. 经济成本原则　根据经济实力从建筑材料、空间搭配等方面综合考虑建设成本。

6. 标准化原则　矮马场建设符合行业组织的规定、规范、标准等。

（二）马厩建筑形式

1. 单列式马厩　厩内马间排成一行的横列，一面为通道。若当地气候比较温和，单列式马厩比较常见，外设通道使马工工作起来方便舒适。马匹每天大多时间在室外，且可自由出入马厩，也以单列式马厩为好。

2. 双列式马厩　厩内排列成相对的两列，中间为通道。这种形式在大型马场多见，便于管理，可容纳 30～40 匹马。通道的作用：固定马、刷马、备马，给马匹降温；清理马厩时可把马放在通道。通道在马厩中间的设计，使得一个通道为两列马厩服务，充分利用了内部空间。这种设计有利于保护马匹，防止其受到外部环境的影响。

我国南方比较适宜单列式，北方则适宜双列式。双列式有利于马匹之间的交流与沟通，可减少或消除马匹的孤独感，保温效果也稍好一些。双列式矮马马厩平面示意图见图 7－1，建议单厩规格 3 m×3 m，通道 3 m，可在中间留正门，两边留侧门，以方便出行和紧急疏散用。北方地区门最好朝南设置，南方根据情况四面设置都可以。

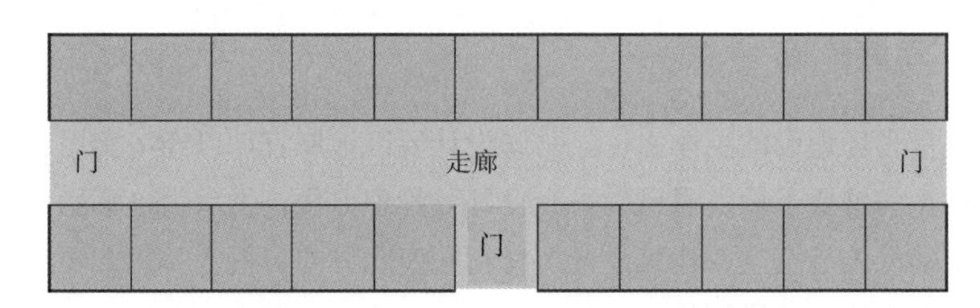

图 7－1　双列式矮马马厩平面示意图

图 7－2 是普通矮马马厩参考图。

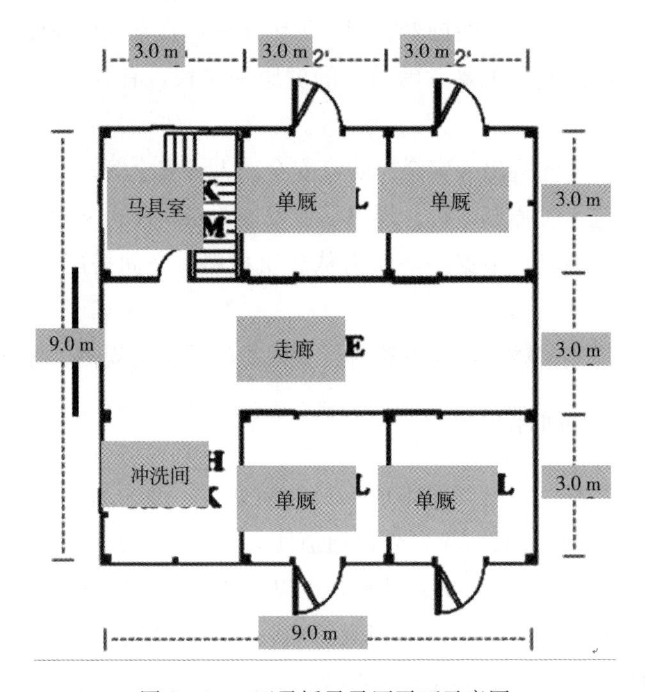

图 7－2　4 匹马矮马马厩平面示意图

3. 岛式马厩　背靠背的两排马厩，由周围的通道所围绕。多用于马匹集中训练时，如速度赛马，马厩周围的环形通道是为了让马匹尽快降温或是训练马匹。

4. 楼式马厩　为节约用地可建双层楼式马厩，且大部分采用复列式。下层为马厩，上层（吊篷以上）为贮草室，有时也可用于马工宿舍。这种形式的马厩便于集中管理且比较经济。

（三）建筑要求

1. 通风　通风在马厩建设中非常重要。马在通风良好的马厩中生活，能够顺畅呼吸，很少咳嗽、感冒或过敏。通风良好的主要表现是空气循环顺畅，新鲜空气通过马厩门窗顶部流入，而污浊、恶臭的空气从马厩最高处的通气口流出（马体的热量使马厩空气的温度升高促进排气）（图 7－3）。通气口要专门设计，只能允许空气流出而不能灌进雨水。在马厩通道的两头安装大风扇有助于空气流通。

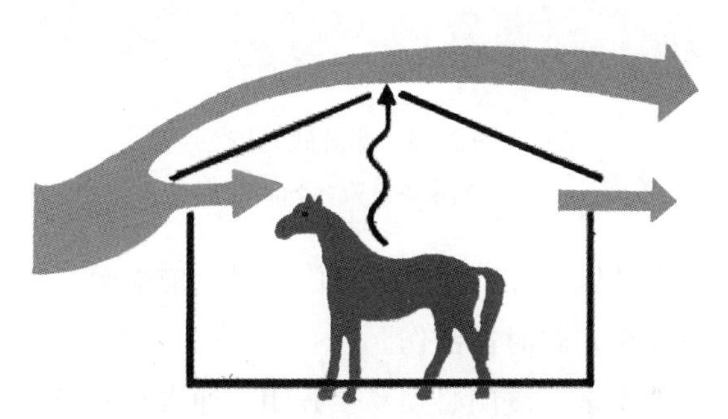

图 7－3　马厩通风模式图
（资料来源：邓亮绘）

2. 供水、供电与温度控制　供水管道应做好防冻保护，双列式马厩中间通道两侧的水龙头应做成暗式凹入墙壁内，防止突出在墙壁外碰伤马体。

供电线路必须坚固耐用，布设在厩舍外马无法够到的适当位置。照明灯要设在取光范围最大或阴影面积最小的位置。电灯要设防护装置，应采用防触电开关并位于厩外避免被马啃咬。

经济条件允许的情况下建议安装温控调节系统，北方寒冷地区冬天供暖，南方热带、亚热带地区夏天防暑降温。

3. 单间马厩　单间马厩为马提供了一个良好的休息环境，根据矮马一般体高 107 cm，单间马厩所需面积应为 3.3 m×3.0 m，分娩单间马厩面积应为 3.5 m×4 m。

双列马厩的中间通道一般宽 3 m。

4. 门窗　厩门宽至少 1.0 m，过窄的厩门非常危险。门高约 1.5 m。常采用半开式门，下半部是木板门，上半部是铁管镂空门，马可以将头伸出门外（图 7－4）。半开式门的下半部木板门高约 0.8 m。

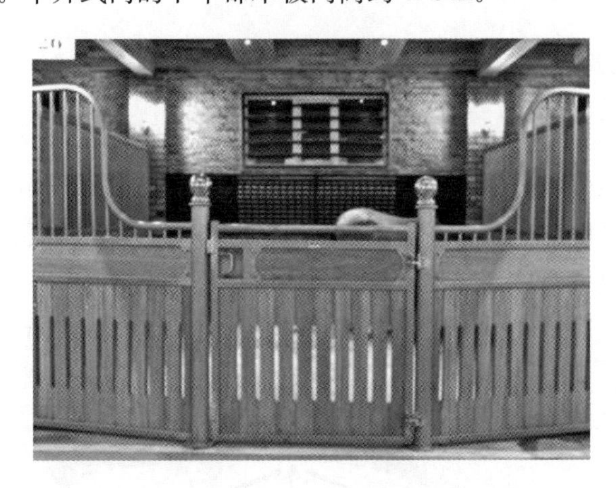

图 7－4　半开式马厩
（资料来源：Vsvn Stables）

半开式门的上半部铁管和下半部木板门上沿均应电镀，防止马啃咬。门栓不能突出来，防止马出入厩时被刮伤。

为保证马和人的安全，厩门必须易于开闭，通常有轨道左右滑动和里外推拉两种形式。轨道左右滑动式厩门更安全，门栓不容易伤马（图 7－4）。在北方寒冷地区，马厩的大门主要抵抗风寒，关门后要严密，最好使用滑动门。里外推拉门的缺点是向内或向外开门时均有被门内或门外的马、设施碰撞的安全隐患，且门栓常容易被损坏或伤马。

窗有采光及换气两种，也可二者兼用。窗的总面积占厩内地面积的 8%～10%，离地面约 1.4 m。

5. 地面　地面要求防滑、防潮、耐用。一般有水泥、木板、橡胶、砖以及沙地、土地、三合土等多种类型。常见的水泥地面坚固耐用、便于清洁，但缺点是较为光滑、质硬、易返潮、保温性差，需铺上垫料以防滑、保暖；木板地面比较理想，但成本高、不便于清洗且容易招致老鼠；橡胶垫地面质地柔软，铺设厚度至少需要 2 cm，马站立时四肢容易得到休息。

马厩的地面为了排水要有些坡度，一般前后坡度差为 10～15 cm。排水道要设在每个单间厩舍的角上，远离饲槽、草网和厩门，也可以设在单间外。马厩中间通道的两侧应设排水沟，最好是浅而宽的明沟，尽量不设暗沟，注意保持排水沟的通畅。

二、厩内设施

厩内设施力求简洁、安全、方便。

1. 草架或草网　我国传统使用石槽添草喂马，现今提倡使用草架或草网，可有效减少饲草的浪费。草架多为铁质或不锈钢材质，固定在厩内壁上；草网多由尼龙绳编织而成，挂起即可。草架和草网的高度不宜高于矮马正常站立时眼睛的高度，以与矮马的前胸同高为好。这样才符合马采食饲草时的自然习惯，也可以避免尘土和草籽落入马眼内。不使用草架或草网，直接将饲草放于地面供马采食的问题是地面的粪尿、污水、垫料等容易污染饲草，导致寄生虫病和传染病发生，而且会造成饲草的浪费。

2. 料槽　料槽通常安放在厩门一侧墙的一角，用不锈钢、塑料或橡胶材质制成，能够承受马的啃咬以及碰撞。不锈钢料槽通常与厩门连为一体，采用旋转式，人工饲喂时只需将料槽 180°旋到门外侧，加料后再旋回门内侧，方便管理；塑料或橡胶料槽，一种是用吊钩挂在门上，一种是放于固定在厩内墙壁的支架上，也有的直接放在地面。料槽安放高度应与马的前胸同高，放于地面的料槽有时会被马蹄踩踏，容易污染饲料。料槽最好方便饲养员拿取，及时清洗。料槽深浅应合理，太浅，矮马在采食时很容易把饲料拱出料槽；太深，在矮马伸头采食时会磨伤下颌部。

3. 饮水装置　饮水装置最好使用水桶或自动饮水器。

（1）水桶　水桶是最常见的饮水装置，由橡胶、塑料或不锈钢等材料制成，轻便易拿且对马的伤害性小。水桶可以放在墙角，也可放于地面或挂在墙上，但要远离料槽和草架，以免饲草饲料落入水中污染饮水；水桶离门不宜太近，容易被马踢翻。水桶尽量放于人员在厩外即可见到的地方，便于及时检查马的饮水情况。

（2）自动饮水器　自动饮水器具有连续自动供应清洁饮水、保证马饮水充足、饲养人员省时省力的优点，但也并非所有矮马都喜爱使用自动饮水器。每个自动饮水器都有单独的供水管道连接，增加了建设成本，北方冬天有可能会冻裂管道，而且自动出水装置容易失灵，需要经常检查维护。每匹马的饮水量无法掌握。

4. 拴马环　拴马环是用来拴马或挂草网的铁环，通常厩内在与马肩部同高的位置安装1～2个拴马环。在马厩内拴马时，安全的方法是拴马绳的一端穿过拴马环，并在这端系一个重物使之下坠，这样可保持拴马绳始终绷紧，马在厩内移动时可以拉伸出足够的长度（图7－5）。厩内拴马以马能够躺卧但不会被拴马绳缠住四肢为标准。

图7－5　马厩内拴马环的使用
（资料来源：《马术手册》）

三、附属设施

马厩的附属设施要求使用方便、功能齐全，可设置在马厩附近或马厩内部，做到安全防火。

1. 贮草棚　必须与马房分开，以防火并防止尘土污染饲草。贮草棚要通风良好，地面干燥并防潮。通常在棚内搭建一层木板架或铁架，上面码放饲草以与地面隔开防潮。

2. 贮粪场　要远离马房但便于通行，位于马房的下风向，减少气味和虫蝇滋扰马匹。贮粪场要远离贮草棚、远离道路，确保不会对水源等环境造成污染。对贮粪场及时、定期进行清理。

3. 鞍具房　要干净、干燥，空间能容纳马具等物品，可设置固定的鞍具架或鞍具柜来盛纳马具。

4. 消防设备　消防设备要安放在院子里既近又方便拿取的角落，特别是马房和贮草棚。灭火器的数量设置要根据马房面积定，符合消防部门的规定要求，及时检查、更新。

5. 饲料间　临时储存饲料原料，如玉米、燕麦、豆粕、麸皮等；或商品料，如全价料、预混料等。也有作为拌料间的功能。

6. 剪毛、刷拭、钉蹄间　剪毛、刷拭和钉蹄的地方可以共用，注意安全用电。

7. 洗浴间　洗马房内最好配有冷热自来水、电源、红外线烘干灯，以及橡胶防滑地板，还要有良好的排水系统。

8. 隔离马厩　离主马厩较远处要设置隔离马厩 3～5 间，患传染病的马应在此隔离治疗。

马厩建设不是一个简单的尺寸问题，有很多的环境卫生技术问题，同时与马的培育目标、环境条件都有很大关系。建筑规模较大的马场，一定要咨询专家或请正规的有资质的单位进行设计。

四、会所及其他

1. 会所　矮马具有文化娱乐性，其会所的功能和地位不容忽视。矮马俱乐部的会所建筑可以相当考究、风格不一。规模可大可小，主要视社会活动大小及多少、会员多少来定。一般的会所建筑包括如下部分：

（1）接待厅　是入所的门厅，但其有休息、洽谈和展示的功能，有时也是会议室。

（2）咖啡厅　有时与餐厅结合起来，主要是满足会员或客人休息聊天所用。

（3）办公室　根据职员数量和马场经营需要设置。办公室一般具有现代办公设备，并保存马场的所有档案资料。

（4）休息室与会客厅　用于接待客人所用。

（5）客房　主要用于会员、客人或游客在周末休闲住宿或公务所用。

2. 其他建筑　除以上建筑外都可统称为附属建筑，如兽医室、配种室、员工宿舍等。这里不一一叙述。

第三节　运动场和放牧场

一、运动场

1. 休闲运动场　没有条件设置放牧场的马场必须建设休闲运动场，以保证马匹在白天有自由活动的场所，减少马匹异常行为和疾病的发生。母马和骟马可以安排在面积较大的休闲运动场中自由活动，每匹马的活动面积平均不能少于20 m^2。用细软的河沙铺设运动场地面，厚度约5 cm。一定要注意运动场地面的排水要良好。种公马必须单独活动，可安排在直径10～20 m的圆形小运动场，围栏常用镀锌管制成，结实坚固，高约1.2 m左右，也可建成同等形制的砖砌围墙，防止马跳出。这种圆形小运动场同样可以作为马匹调教训练及初级骑乘教学的场地。

2. 室内马场　现代马场建设的发展趋势是建立室内马场，室内马场是非常必要的。室内马场建筑风格各异、造价和面积均差异较大。视马场的性质和要求来定，最好周边或三边有走廊或看台，如果作教学用场地，也可在墙上加装宽面镜子，利于学员矫正骑姿。室内马场要求通道合适，与马厩距离近，具有多功能性，屋顶采光。南方可采用半敞开式室内运动场。

二、放牧场

1. 草场　放牧草场的面积根据矮马数量、草场质量、土壤质量和排水条件而定。5～10匹马进行集中放养的放牧场面积至少需要2～5 hm^2。

天然草地的放牧场有多种不同科属的植物种类，是牧马的良好场所，更有可供入药的种类，如菊苣、车前等，但要注意拔除有毒植物。以人工种植的草场作为放牧场，最好选择植株低矮、根茎发达的牧草，北方常见如羊草、苜蓿、白三叶等，南方常见如黑麦草等。采用禾本科和豆科混播，不仅产量高，营养也更为全面。对于放牧草地，尽量不使用除草剂去除杂草，以免造成马匹中毒。

放牧场通常采用轮牧制度，划区轮牧或分季节轮牧。也可采用混牧制度，将牛羊与马同时放牧，牛羊会采食马不吃的牧草，并能顺带将对马有害的寄生虫一并食入，有些寄生虫无法在牛羊消化道中存活从而可破坏其生活史。另外，建议在干燥和阳光充足时耙松牧场土壤，粪便即可一起耙松，可进一步降低寄生虫的感染率。

2. 围栏　放牧场的围栏用于分隔马群。但围栏对马具有一定的危险性，而且马也可能会跳跃围栏。围栏的高度必须在1.0 m以上。围栏的种类主要包括：

（1）立柱和横杆　放牧场的围栏以立柱和横杆搭建而成的形式最为常见。

其中最多的是使用木质围栏，横杆一般为4根，最下一根距离地面至少30 cm。木材要经过防腐处理，木质围栏的缺点是极易被马啃咬损坏，因此维护费用很高。使用酚类物质木馏油处理木质围栏既可防腐，也可因气味防止围栏被马啃咬。木质围栏的代用品有PVC塑料围栏、钢管围栏等，维护费用相对要低。

（2）金属网围栏　可将横杆以金属网替代，可以有效防范犬、羊等小动物进入。缺点是马有将蹄踏入网中被卡住的风险，因此必须要使用网孔比马蹄蹄底面积更小的金属网。

（3）电围栏　一般是白色或彩色宽带，优点是便于拆装和搬动，也比较醒目。电围栏比较经济。如果围栏很长，每隔一段要加上塑料或金属的警示条。电围栏的安装一定要找专业人员。

（4）铁丝围栏　我国牧区草原常使用铁丝围栏，由立柱和5～6条铁丝或3条刺线组成。最低的一条铁丝距离地面不小于30 cm，可降低马被刮伤的危险。由于铁丝围栏对马伤害的潜在危险性较大，通常不推荐使用。

3. 简易棚

（1）防风墙　马需要避风保护，特别是在雨天。防风墙或避风处在草场的北面或迎风面，由茂密的矮林或高的篱笆组成。

（2）防护棚　防护棚可常年使用，但马在冬天很少进入避寒。夏天则是避暑防晒、躲避蚊蝇侵扰的良好场所。

防护棚有四面敞开和三面封闭两种不同形式。四面敞开式需要注意避风；三面封闭式最好建在牧场一角，背向主流风向，要便于添加饲料。要注意勿在棚和围栏之间形成死角。圆形或一面敞开或双门的防护棚可减少马进入死角或受到其他马的伤害。

如果防护棚内有蜘蛛网，不必清扫，可用来诱捕蚊蝇。

第八章
德保矮马品牌与开发

第一节　品牌建设

一、品牌活动

（一）矮马枫情节

2010、2011 年德保县成功举办了红枫旅游文化节（矮马枫情节），之后德保县每年举办红枫旅游文化节，这加快了德保矮马由役用向娱乐竞技的转型，推动了矮马资源保护与产业开发，促进了德保矮马走出德保县、走向全国。矮马巡游活动、矮马比赛和矮马选秀，已成为德保旅游的知名品牌。

（二）矮马选秀

德保县每年至少举办一次德保矮马选秀，分别评选出优秀种公马、母马、幼驹，有助于保种选育工作的进一步开展。

1. 评比规则

（1）所有参加评比的种马必须是符合德保矮马品种要求的种马，并持有德保矮马登记证书。

（2）参加评比的德保矮马必须持有所在地检疫部门出具的检疫证明，符合畜禽防疫要求。

（3）参加评比的德保矮马，按年龄、性别分为成年公马组、成年母马组、育成公马组（1 岁组、2 岁组）、育成母马组（1 岁组、2 岁组），分别进行测评比赛。

2. 评比方法　骑手牵马进入亮相圈，站立、测量体尺（体高、体长、胸围、管围），经慢步、快步后，7 名评委对马匹的体尺、毛色、体质气质、体型结构、四肢、站立和行走进行评定（图 8－1）。

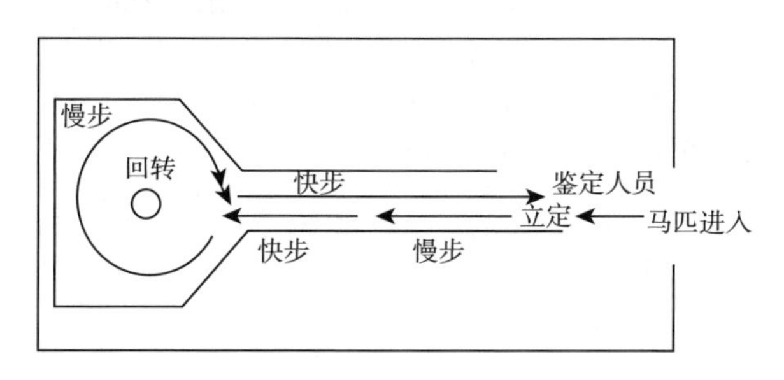

图 8－1　马匹评定路线示意图

3. 评比打分　采用减分法评分（表 8－1）。将评分项目分为体尺、体型结构等六大项。评委先看马体缺点，再察优点，根据缺点减去相应的分数。即每匹马的得分为 100 分减去扣除分。

专家组采用“盲评”的方法，即在马主未知的情况下，专家组独立对种马进行综合评定，逐匹逐项打分，去掉一个最高分和一个最低分，最后汇总排名，评出名次。

表 8－1　评分标准

序号	项目	总分	标准	减（加）分标准	减（加）分值	备注
1	体尺	20	以公马体高 100 cm、母马 100 cm 为分界线	每高 1 cm 减 1 分，每降 1 cm 加 1 分		
2	毛色	5	骝、栗、黑、青，纯净，被毛顺滑、光亮	被毛粗糙、无光泽。每项减 1 分		
3	体质气质	10	温驯，活泼，中悍，结实，健康	马工牵引和骑乘时马匹抗拒，踢咬，服从意识差，膘情差，有病况。每项减 1 分		
4	体形结构	30	整体结构匀称，头形正常（直头），头宽，颌凹宽广，眼大有神，耳小灵活；颈形正常（正颈），头颈比例适中，头颈、颈肩结合良好；胸宽深，良腹，背腰平直，腰尻结合良好；正尻，尻长、宽，生殖器发育正常	头型不良（凹头、羊头等），头颈结合不良，鹿颈，颈肩结合不良，鬐甲低平，窄胸，垂腹，凹背，凹腰，拱背，拱腰，尻过于斜尖，腰尻结合不良，生殖器发育不正常。每项减 1 分		

（续）

序号	项目	总分	标准	减（加）分标准	减（加）分值	备注
5	四肢	20	前后肢骨和关节发育良好，肌腱发达明显、强劲，管部短直扁广，球节宽厚直正，系长微斜，蹄质坚实光滑	四肢过粗、过细，与体躯不协调，骨骼和关节发育不良，肌腱不明显，或管部腱肥厚，骨瘤，卧系立系，蹄裂。每项减1分		
6	站立	5	前肢、后肢正肢势	前踏、后踏，广踏、狭踏，X形或O形，内向、外向，弯膝、凹膝。每项减1分		
7	行走	10	马运步直线前进时步伐轻快、稳健，过步或蹄迹重合，能翻蹄亮掌，后望时后躯不摇，蹄负重时，飞节不颤动，球节不下沉	不走直线，画弧前行，蹄迹凌乱，后躯摇晃，球节下沉严重。每项减1分。跛行减10分		
8	总分	100				

（三）矮马产业论坛

不定期开展德保矮马相关论坛会议是向社会宣传德保矮马的最佳途径之一。论坛主要目的：学习和借鉴国内外地方马种资源保护和开发利用的成功经验；学习和借鉴国内外马与旅游、体育、教育、文化等产业融合发展的先进技术、成功经验；有效促成签署合作协议和意向。以育马为基础探讨调训、骑乘、文化等内容，最终目的是保护好利用好德保矮马。

二、品种赛事

（一）矮马马球

（1）德保县成立了国内第一支少年马球队　德保县于2011年聘请新加坡籍杨明良教练作为总教练，调教德保矮马和培养马术人才，成立了国内第一支少年马球队——德保少年马球队，已培养少年马球队员40多名，成功调教德保矮马100余匹作为马术运动用马。

成立的少年马球队多次参加百色市、德保县旅游节展演并赴南宁、青岛、内蒙古、新疆、北京等国内马术大赛的开幕式表演。

（2）制定德保矮马马球简要规则　2011年11月1日矮马马球比赛赛事评委组制定了德保矮马马球赛事规则。

①主要内容　每队4个球员、4匹马；球门宽4 m；规定时间内打入对方球门得分多者为胜方；比赛时间分上、下半场，每场15 min，中场休息15 min；下半场交换场地，可以换马。

②注意事项　从后小角度抢球，不能以45°或45°以上的角度切入抢球；不能以两队友夹着对方球员打球；可以肩对肩合法碰撞抢球；抢球时，可以用球杆钩开对方球杆；先击球的球员，在自己马的正前方，优先击打第二球；在任何情况下，不能以球杆击打到球手及马匹。

（二）少年矮马马术夏令营

德保县积极开展少儿马术教育。2014年8月德保县首届矮马少儿马术夏令营在德保矮马原种场举行，来自广西壮族自治区内外的30余名少儿学员参加了这次活动。活动取得圆满成功，并在社会上引起了巨大反响，为德保矮马特色产业开发注入新的活力。2015年7月与德保县浩通马术俱乐部合作开展两期德保少儿马术夏令营活动。

三、矮马俱乐部

2011年12月13日德保县水产畜牧兽医局制定了德保矮马俱乐部组建方案，包括指导思想、内容和目标、保障措施、工作步骤四大项，涉及俱乐部名称、地址、人员、马匹数量、业务范围、经营模式及管理等，为注册德保矮马俱乐部做了前期工作。之后在德保成立了德保同骏马业、德保浩通马术俱乐部（浩通马术俱乐部承办2014年德保县“浩通”杯少儿马术比赛），长期招收少年学员，举办各种马术培训、夏令营等活动，同时也为德保县每年的红枫旅游文化节矮马巡游活动提供各项支持。

2010年以来，德保县依托德保矮马资源优势和打造旅游文化名县机遇，坚持“功能转移，价值转向”发展思路，着力打造德保矮马特色产业，发展品牌，成立了矮马马术培训基地和德保矮马俱乐部，邀请国内外知名马术教练执教，着力培养本土矮马马术运动的专业人才，开设了德保矮马马术培训班，组建了国内第一支少年马术队——德保矮马少年马术队和德保矮马专业表演队，将骑马技术、马车驾驭技术、马球技术、盛装舞步等内容融入年度德保红枫旅游节和全国各地大型民俗文化游艺展演活动中。积极组织矮马少年马术队参与首届中国马术大赛、海南三亚世界近海一级动力艇锦标赛、首届北京马术文化节、全国马术三项锦标赛暨第十二届全运会马术三项赛资格赛、新疆伊犁天马节等与国际接轨的马术赛事表演，开辟了中国矮马马术先例，矮马价值品牌实现大突破，推动了矮马产业由传统役用向竞技运动的转型升级。

第二节　产业开发

一、矮马旅游

1. 矮马王国产业园区建设　矮马王国产业园区是在有利的社会环境、政策环境下建设实施的，项目建设有非常雄厚的当地人文资源、自然资源基础，项目建设对当地经济和社会发展起到积极的支撑作用，大大提升当地旅游目的地的综合竞争力，对中国马术运动及文化起到推动作用，对中国马文化产业发展起到示范作用，对现代马业经济发展建设和改革有积极推动作用和重大社会意义。着力打造标准化赛马场，建立矮马产业园区，满足基本常态化赛事需求，并随赛事日期安排矮马文化表演、矮马文化产品展示和售卖、民族文化表演等内容，以吸引更多游客。

2. 矮马文化旅游产品打造　积极挖掘矮马的各种功能和文化符号，变成让游客消费的特殊文化旅游产品。根据其独特的形式特点打造全新的旅游业态。凡德保县旅游景点，适宜骑马的场所、骑马旅游线路，都融入矮马元素做成旅游产品，让游客增加可选矮马文化旅游产品、增加消费项目、提高满意度，以宣传德保矮马和当地马文化，提高当地综合产值，促进当地经济快速发展。

3. 矮马旅游知识产权打造　具有知识产权的旅游产品，如景区中形成的独特品牌形象，给游客独一无二的游玩体验。旅游知识产权打造是通过文化资源创意转化为旅游产品以获取文化附加值的过程，这对促进当地经济结构的转型与发展，给当地带来良好的综合经济与社会效益都具有非常积极的意义。向全国马术俱乐部推介，为马术俱乐部提供路线团体价格，力争成为俱乐部年度优质会员团建活动。利用德保县特产——马产品、手工制品、景区门票、比赛门票等奖励形式对分享效果好的用户进行鼓励。体验配套和专业设施是基础，具有专业运营能力的供应商是关键，提供创造感动的服务是核心。一方面做好服务接待的标准化，涵盖服务工作的所有程序；另一方面提供有个性化的情感服务，从游客心理出发，关注细节，创造感动。

二、科研教育推广中心建立

为做大做强德保矮马产业，需要建立科研教育推广中心，本项目为新建工程。项目规划用地面积约 $9.33\mathrm{hm}^2$。项目建设重点内容有以下 6 项：矮马教育培训中心/马术学院项目；矮马鉴定登记展示拍卖中心项目；德保矮马繁育中心项目；矮马马术运动场项目；矮马文化研究中心项目；矮马文化园区项目。项目建成后，可确立德保矮马核心基地的地位，实现马匹繁育改良、登记拍卖、教育培训、马术教学和马文化展览为一体的产业融合发展；打造德保矮马技术高点、产业品牌新亮点、经济发展新动力、劳动就业新渠道，形成“以育马为核心、综合经营、良性互动、持续发展”的新兴产业创新发展模式；实现自然资源优势、人文资源优势、马业资源优势的高度融合；实现繁荣地方经济、弘扬民族文化、推动德保矮马发展的目标。

三、技术支持

1. 人才培养　制定德保矮马专业技术人才培养规划，分步分段实施，既解决眼前紧迫问题，也考虑以后发展要求，建立包括教练、繁育、鉴定、骑手等的人才体系和标准。马业专业人才不但要有敬业精神，也要有专业知识和安全意识。起步阶段的人才专业水平，直接影响后续产业发展的速度和质量。人才培养不但要立足德保还要面向全国教练、骑手市场需要，从全国、全世界吸收招聘适合产业发展的专业人才，特别是急需人才。

2. 项目支撑　每年由德保县主管单位申请制定科研专项和科研课题，助力矮马产业产学研一体化、相关产业融合发展。充分发挥公共财政资金的引导作用，加快矮马产业与旅游、文化、体育等各产业的融合发展，引导和鼓励各类社会资本积极投入马产业。要建立两个基金：一是青少年骑术素质教育基金，为德保县青少年骑术素质教育、教学提供持续有效的资金支持；二是德保矮马培育基金，为选育提高德保矮马品质质量提供资金支持。政府可以采取购买服务的方式对相应产品和服务等进行支持。

第三节 保障措施

一、各级部门重视

广西壮族自治区各级有关部门已将德保矮马的保种、开发和利用列入重要议事日程，纳入当地经济社会发展总体规划。各单位一二把手是矮马在本领域发展的主要负责人，要结合本地实际，制定具体细化的工作进度和指标，积极抓好工作落实。要坚持循序渐进，当前德保矮马的产业化发展还处于起步阶段，有一个较长的培育过程，不能急于求成，要保持战略定力和政策连续性。要加强宣传引导，充分调动地方政府、企业团体、行业组织、金融机构、养殖专业户等各方面的积极性，营造良好氛围。各部门定期汇总报告，交流进展。

二、制定政策

自治区各部门根据总体要求并结合当地实际情况和发展需要，制定详细的发展目标、发展步骤。畜牧、文化、体育、旅游等部门要制定有关马产业发展的实施方案，科技、财政、国土资源、金融等部门要按照职能分工加强协作配合，提出本领域尽可能支持的内容和条件，共同促进德保矮马产业健康发展。

三、矮马富民

矮马是当地村民脱贫致富的有效手段和途径，要建立行之有效的措施，确保产业发展的同时优先让村民得到实惠，优先让村民的马匹数量增长，质量得到提高。相关部门要制定出马业富民工程的具体指标、具体措施和目标群体，保证矮马长期发展的基础和后备力量。其政策措施重点有：一是让村民由劳动力型向技术型转变，设立技术村民工程，让村民掌握驯马技术、繁殖技术，让村民科技养家、技术养马；二是就业指导，逐步分流社会劳动力向矮马旅游、矮马文化、矮马马术和全国教练骑手方向转变，创造更多的优质就业岗位；三是提供政策和条件，让村民参与和进入更多的适合独立经营的相关实体，如驿站经营服务、骑乘线路经营服务、马文化表演服务等高附加值项目中来；四是让村民饲养高质量马匹，以保障富民政策落到实处。

参　考　文　献

阿地力江·卡德尔，2015. 全基因组扫描筛选德保矮马矮小性状相关候选基因研究 [D]. 北京：中国农业科学院.

鲍海港，韩文朋，连小雷，2011. 纯血马和百色马 *IGF1R* 基因蛋白编码区序列的多态性分析 [J]. 安徽农业科学，39 (2)：1040-1041，1044.

常洪，2009. 动物遗传资源学 [M]. 北京：科学出版社.

甘肃农业大学，1990. 养马学 [M]. 北京：农业出版社.

国家畜禽遗传资源委员会组编，2011. 中国畜禽遗传资源志——马驴驼志 [M]. 北京：中国农业出版社.

韩国才，2004. 传统马业与现代马业 [J]. 中国畜牧杂志，40 (12)：33-35.

韩国才，2012. 矮马保护在行动 [J]. 生命世界 (8)：8-9.

韩国才，2014. 相马 [M]. 北京：中国农业出版社.

韩国才，邓亮，颜明挥，2014. 德保矮马产业三大体系建设 [J]. 广西畜牧兽医，30 (6)：292-293，331.

侯文通，2013. 现代马学 [M]. 北京：中国农业出版社.

黄华汉，2016. 德保矮马精液保存的研究 [D]. 北京：中国农业大学.

蒋钦杨，韦英明，黄艳娜，等，2009. 德保矮马生长激素基因的克隆与序列分析 [J]. 西南大学学报 (自然科学版)，31 (12)：35-38.

蒋钦杨，黄艳娜，韦英明，等，2013. 德保矮马生长激素受体基因 PCR-SSCP 分析 [J]. 黑龙江畜牧兽医科技版 (3)：3-7.

蒋钦杨，韦英明，陈宝剑，等，2013. 马生长激素基因多态性与体尺指标之间的关联性分析 [J]. 中国畜牧杂志，49 (3)：1-4.

蒋钦杨，韦英明，黄艳娜，等，2015. 德保矮马生长激素基因的克隆与序列分析 [J]. 西南大学学报 (自然科学版)，31 (12)：35-38.

克山种马场，1958. 省畜牧科学研究所利用固体 CO_2 (干冰) 冷冻马的精液获得了初步效果 [J]. 黑龙江畜牧兽医 (2)：67-68.

李游，颜明挥，林新达，等，2015. 德保矮马资源保护与产业发展对策探讨 [J]. 当代畜牧 (15)：74-77.

李游，言天久，2016. 德保矮马饲养管理技术及其在主产区保种推广应用效果 [J]. 广西畜牧兽医，32 (1)：19 - 21.

李游，言天久，颜明挥，等，2014. 德保矮马品种资源调查报告 [J]. 广西畜牧兽医，30 (1)：4 - 6.

李云章，韩国才，2016. 马场兽医手册 [M]. 北京：中国农业出版社.

刘克俊，王自豪，李秀良，等，2016. 广西德保矮马南宁异地保种及引种的饲养研究 [J]. 黑龙江畜牧兽医 (7)：105 - 109.

刘少伯，2005. 中国马业论文集 [M]. 北京：中国农业科学技术出版社.

刘雪雪，阿地力江·卡德尔，董坤哲，等，2015. 德保矮马 X 染色体选择信号筛选 [J]. 畜牧兽医学报，46 (12)：2161 - 2168.

陆克库，赵汉城，黄荣坦，等，1991. 德保矮马血型分析报告 [J]. 广西畜牧兽医 (3)：22 - 23.

宋铭忻，2009. 兽医寄生虫学 [M]. 北京：科学出版社.

孙玉玲，2013. 中国纯血马登记管理系统的建立与应用 [D]. 北京：中国农业大学.

塔娜，2008. 西南矮马矮小性状基因 SHOX 的克隆测序和多态性研究 [D]. 呼和浩特：内蒙古农业大学.

王绍松，2000. 运动用马的管理和护理 [J]. 中国畜牧杂志，36 (5)：54 - 55.

王铁权，1992. 中国的矮马 [M]. 北京：北京农业大学出版社.

谢成侠，1991. 中国养马史 [M]. 北京：农业出版社.

谢成侠，沙凤苞，1958. 养马学 [M]. 南京：江苏人民出版社.

颜明挥，2016. 德保矮马种质资源状况与登记体系的建立 [D]. 北京：中国农业大学.

姚新奎，韩国才，2008. 马生产管理学 [M]. 北京：中国农业出版社.

张忠诚，2005. 家畜繁殖学 [M]. 4 版. 北京：中国农业出版社.

张仲葛，朱先煌，1986. 中国畜牧史资料 [M]. 北京：农业出版社.

郑自华，2012. 德保矮马精液品质分析及冷冻保存研究 [D]. 南宁：广西大学.

中国家畜家禽品种志编委会，1986. 中国马驴品种志 [M]. 上海：上海科学技术出版社.

中国人民解放军兽医大学，1976. 马体解剖图谱 [M]. 长春：吉林人民出版社.

中国现代养马编写组，1981. 中国现代养马 [M]. 乌鲁木齐：新疆人民出版社.

周大康，1997. 养马学 [M]. 2 版. 北京：中国农业出版社.

周定刚，马恒东，2010. 家畜解剖生理学 [M]. 北京：中国农业出版社.

朱士恩，2009. 家畜繁殖学 [M]. 5 版. 北京：中国农业出版社.

Alvarenga M A, Papa F O, Landim - Alvarenga F C, et al, 2005. Amides as cryoprotectants for freezing stallion semen: a review [J]. Anim Reprod Sci, 89 (1 - 4): 105 - 113.

Anderson J, 1945. The semen of animals and its use for artificial insemination [M]. Tech.

Comm. Imperial Bureau of Animal Breeding Genetics, Edinburgh.

Andrew J, 2006. The equine manual [M]. Amsterdam: Elsevier.

Barker C A V, Gandier J C C, 1957. Pregnancy in the mare resulted from frozen epididymal spermatozoa [J]. Can J Comp Med Vet Sci, 21 (2): 47 - 50.

Davies M M C G, 1999. Equine artificial insemination [M] Oxon: CABI Publishing.

Makvandi - Nejad S, Hoffman G E, Allen J J, et al, 2012. Four loci explain 83% of size variation in the horse [J]. PLoS One, 7 (7): e39929.

Maule J P, 1962. The semen of animals and artificial insemination [M]. Common wealth Agricultural Bureaux, Farnham Royal, U. K.

Metzger J, Philipp U, Lopes M S, et al, 2013. Analysis of copy number variants by three detection algorithms and their association with body size in horses [J]. BMC Genomics, 14 (1): 487.

Perry E J, 1968. The artificial insemination of farm animals [M]. 4th ed. New Brunswick: Rutgers University Press.

Petersen J L, Mickelson J R, Rendahl A, et al, 2013. Genome - wide analysis reveals selection for important traits in domestic horse breeds [J]. PLoS Genet, 9 (1): e1003211.

Signer - Hasler H, Flury C, Haase B, et al, 2012. A genome - wide association study reveals loci influencing height and other conformation traits in horses [J]. Plos One, 7 (5): e37282.

Smith A U, Polge C, 1950. Survival of spermatozoa at low temperature [J]. Nature, 166: 668 - 669.

Tetens J, Widmann P, Kuhn C, et al, 2013. A genome - wide association study indicates LCORL/NCAPG as a candidate locus for withers height in German Warmblood horses [J]. Animal Genetics, 44 (4): 467 - 471.

The Pony Club, 2019. The manual of horsemanship [M]. 14th. Britain: Quiller Press.

附　　录

德保矮马大事记

1981年11月，由中国农业科学院畜牧研究所王铁权研究员组织的西南马考察组在广西靖西与德保交界处第一次发现一匹7岁、体高92.5 cm的成年矮母马。这是第一次发现当地饲养已久的德保矮马。

1985年开始在德保县巴头乡设立德保矮马保种基地。

1989年8月，第三届全国少数民族传统体育运动会在呼和浩特举行。广西壮族自治区人民政府将德保县产的5匹矮马赠送给内蒙古自治区人民政府。

1991年11月10日，第四届全国少数民族传统体育运动会开幕式在南宁举行，由100匹德保矮马组成队列，表演《矮马童军》节目并荣获特等奖。

2000年百色马（含德保矮马）被农业部列入《78个国家级畜禽品种资源保护名录》。

2001年德保县畜牧水产局承担农业部《百色马（德保矮马）保种选育》项目。

2001—2002年在原县良种猪场建立德保县县级矮马保种场，后转到燕峒乡那布村为保种基地。

2001年采用“国有民养”的方式，建立5个核心保种基地。

2002年，制定了《德保矮马保种管理办法》。

2003年广西壮族自治区质量监督局颁布了《德保矮马》（DB45/T 111—2003）地方标准。

2006年6月2日发布农业部公告第662号《国家级畜禽遗传资源保护名录》，百色马（含德保矮马）被确定为国家级畜禽遗传资源保护品种。

2008年7月7日，农业部公告第1058号划定百色马（含德保矮马）国家级保护区（编号：B4504003）。建设单位：德保县畜牧技术推广站，保护区范围：巴头、马隘、那甲、城关、燕峒五个乡镇。

2009年11月，《经济日报》周骁骏记者向国家领导人反映广西德保矮马亟待加大保护力度，随即按国家和农业部领导意见，全国畜牧总站牧业发展处王志刚处长、中国农业大学韩国才教授赴德保调研并向农业部报告德保矮马现状与保护问题。

2009年，德保县水产畜牧兽医局组织实施了农业部“德保矮马遗传资源保护区建设项目”，取得了明显成效。

2009年11月，经国家畜禽遗传资源委员会审定，德保矮马从百色马分离成为独立的畜禽遗传资源。

2009年12月4日，20匹德保矮马抵达南宁保种场后，开始异地保种。

2010年1月15日发布农业部公告第1325号，德保矮马经国家畜禽遗传资源委员会审定、鉴定通过，被确定为国家新畜禽遗传资源。

2010年9月18日，建立了德保矮马原种场。

2010年9月，德保县编制了《德保矮马资源保护与开发中长期发展规划》。

2010年11月27—29日，首届德保矮马选秀在首届红枫旅游节中举办，选出第一届“矮马王”“矮马皇后”。

2010年12月，德保县县政府与中国农业大学马研究中心签署战略合作协议。

2011年1月25日，广西壮族自治区水产畜牧兽医局给德保矮马原种场审核颁发了种畜禽生产经营许可证。

2011年7月，德保县县委、县人民政府提出“十二五”期间要重点推动德保矮马特色产业开发。

2011年2月，由自治区级专家评审通过，自治区水产畜牧兽医局批准建立了自治区级德保矮马原种场（广西壮族自治区水产畜牧兽医局公告〔2011〕第7号）。

2011年7月5日，德保县政府和中国农业大学签订了“德保矮马保护和开发利用”项目合作协议，韩国才教授为项目负责人。

2011年1月，国家公益性行业（农业）科研专项“马驴产业技术研究与试验示范”项目设立“德保矮马产业技术研究与试验示范基地”。

2011年9月，中国农业大学专家组在德保县举办德保矮马品种登记和专门化品系（品种）培育技术培训班，培训人员40人。

2011 年 10 月 18 日，德保县人民政府聘请新加坡籍杨良明先生为德保矮马马术运动总教练。

2011 年 11 月 1 日发布了《德保矮马马球规则》。

2011 年 11 月 27—29 日，在“德保红枫文化旅游节”上，除了大巡游外，德保矮马首次进行了少年马球、越野寻宝、绕桶穿桩、速度赛等马术表演，标志着德保矮马从此由役用向竞技运动用马转型。

2012 年 1 月 6 日，中国农业大学与德保县联合在德保县范围开展了德保矮马资源普查。全县有马 7 618 匹，其中成年体高 106 cm 以下的德保矮马 1 612 匹。

2012 年 3 月 28 日，德保马术专业班在德保县职业技术学校正式开课，首批学员 10 人。

2012 年 3 月 29 日，德保县水产畜牧兽医局委派颜明挥、黄华汉到中国农业大学马业在职研究生班学习。

2012 年 8 月，农业部设立国家级百色马（德保矮马）保种场，并予授牌。

2012 年 3 月，德保少年马术队成立。

2012 年 5 月 8 日，德保马术专业班举行隆重的开班典礼，广西德保矮马原种场、中国德保矮马繁育中心、德保少年马术队训练基地举行揭牌仪式。

2012 年 6 月 25—27 日，由中国农业大学、中国马业协会主办，德保县承办的首届中国矮马产业发展大会在德保县举行。时任全国畜牧总站副站长郑友民同志等参加会议。

2012 年 6 月，广西壮族自治区畜牧主管部门制定了《德保矮马保种技术方案》。

2012 年 8 月 31 日，农业部公告第 1828 号确定建设单位广西德保矮马原种场为国家级德保矮马保种场（编号：C4504004）。

2012 年 10 月，制定了德保矮马登记指南，开始对德保矮马进行网络登记。

2013 年 3 月 30 日，德保矮马到海南三亚参加世界近海一级动力艇锦标赛“马秀”的活动。

2013 年 4 月 28 日到 5 月 1 日，由 11 名队员组成的德保矮马少年马术马球队赴京参加 2013 年首届北京马术文化节。

2013 年 5 月 20 日，发布地方标准《德保矮马饲养管理技术规程》（DB

451024/T 1—2013)，2013 年 6 月 30 日实施。

2013 年 10 月，德保县人民政府下发《关于确定德保矮马地理标志产品保护范围的通知》(德政发〔2013〕36 号)，确定德保矮马地理标志产品保护地域范围为广西壮族自治区百色市德保县现辖行政区域，重点区域为城关、马隘、那甲、燕峒、巴头等 5 个乡镇，保护区内相对集中的德保矮马有 4 个保种群，保种群间距离均不小于 3 km。

2013 年 7 月 10—12 日，中央电视台 2 套《生财有道》栏目组到德保县进行矮马产业发展的采访，著名节目主持人肖薇零距离接触德保矮马。此次采访大大提升了德保矮马的知名度和影响力，对德保矮马资源开发和产业发展起到重要的助推作用。

2013 年，成立德保矮马协会。

2013 年 9 月 15—16 日，泰国国家电视台和广西电视台国际频道摄制组到德保县拍摄《泰国大象·中国矮马》纪录片。

2013 年 9 月 21 日，德保矮马马术队参加广西首届马术公开赛。

2013 年 10 月 28—29 日，第二届中国矮马产业发展大会在德保顺利召开。

2013 年 11 月 14—17 日，在德保县水产畜牧兽医局召开了德保矮马保护和开发利用工作会议，讨论并完善《德保矮马保种选育与开发利用实施方案(2013—2017)》。

2013 年 12 月 22 日，中央电视台 7 套《每日农经》栏目举办的《魅力农产品嘉年华》活动，德保矮马荣获 CCTV－7 第四届魅力农产品嘉年华“十大魅力农产品”称号。

2013 年 5 月，使用中国马种质资源登记管理系统登记了原种场 80 匹德保矮马。

2014 年 2 月 2 日，在 CCTV－7 农业节目《每日农经》栏目播出“魅力农产品嘉年华”中国十大魅力农产品德保矮马。

2014 年 2 月 14 日，农业部公告第 2061 号 (修订 662 号公告)《国家级畜禽遗传资源保护名录》中德保矮马被确定为国家级畜禽遗传资源保护品种。

2014 年 7 月，德保县首届矮马少儿马术夏令营在德保矮马原种场举行，来自区内外的 30 多名少儿学员参加了这次活动。

2014 年 10 月，广西马术协会及南宁市马术俱乐部利用设在广西畜牧研究所德保矮马异地保种场的马术训练场开展自闭症患儿马术治疗“试点”，收到良好效果。

2014 年 5 月，德保县人大常委会调研员梁建森携德保矮马皇后“小玲”，应邀参加在北京举行的世界汗血马协会特别大会暨中国马文化节。

2014 年 5 月 24 日，德保县职业技术学校马术班招生。

2014 年 12 月，中国农业大学在德保县举办矮马人工繁育培训班。

2015 年 4 月 15 日，登记注册成立了“德保县矮马保种繁育管理中心”（事业单位，德保矮马原种场）。

2015 年 8 月，进行德保矮马品牌化升级工作，韩国才教授主持完成德保矮马的 LOGO 设计工作，并将注册德保矮马商标。商标外形是一只苹果，寓意果下马；内为第一届矮马马王头形，代表德保矮马。

2015 年 11 月 30 日，第四届全国矮马产业大会在德保县召开（彩图 30），韩国才教授主持会议，芒来教授、姚新奎教授、石永超县长致辞。

2016 年 4 月，德保矮马保种场暴发群发性营养代谢病，中国农业大学韩国才、李平岁急赴现场会诊，确诊为因饲料（麸皮、稻糠）钙磷比例不当引起的纤维性骨营养不良，采取针对性治疗和预防措施，再无新病例发生。

2017 年 3 月，德保矮马获得国家工商总局德保矮马商标标志。

2017 年 11 月，为满足德保县职业技术学校及全国职业技术教育马术班教学需要，韩国才主编的《马术教程》由中国农业出版社出版。

2017 年在韩国才教授的技术指导下，对矮马保种场的 10 匹优秀种公马开展人工采精及冷冻精液制作，制作冻精 1 200 份，鲜精 600 份，人工授精 30 匹。

2017 年德保矮马第一匹人工授精马驹出生。

2018 年 2 月 12 日，农业部发布第 2651 号公告，广西德保矮马列入农业部农产品地理标志登记产品，依法实施保护。

2018 年 6 月 25—27 日，在德保县举办了马匹登记培训和矮马保种场疾病防治兽医技术培训，参加培训的有德保矮马保种场员工、德保县畜牧兽医水产局业务人员共计 20 多人。

2019 年 3 月，《德保矮马》列为国家出版基金项目——“中国特色畜禽遗传资源保护与利用”丛书出版计划。

2019 年 6 月，德保矮马王国项目一期完成。

图书在版编目（CIP）数据

图书在版编目（CIP）数据

德保矮马 / 韩国才，邓亮主编．—北京：中国农业出版社，2020.1

（中国特色畜禽遗传资源保护与利用丛书）

国家出版基金项目

ISBN 978-7-109-26734-3

Ⅰ.①德…　Ⅱ.①韩…②邓…　Ⅲ.①马—饲养管理

Ⅳ.①S821.4

中国版本图书馆 CIP 数据核字（2020）第 051102 号

内容提要：本书以翔实的史料结合产区自然生态条件和社会经济状况，追溯了德保矮马的起源与进化历程，探讨了其现状与保护途径。在此基础上，对德保矮马的体型外貌、生物学特性、生产性能、繁殖技术、饲养管理、疫病防控等进行了详细的阐述。同时，对现有条件下德保矮马马场建设的环境要求、品牌开发与产业发展进行了全面论述。本书可供马业专业人员及爱马者参考。

中国农业出版社出版

地址：北京市朝阳区麦子店街 18 号楼

邮编：100125

责任编辑：郭永立　周晓艳

版式设计：杨　婧　　责任校对：周丽芳

印刷：北京通州皇家印刷厂

版次：2020 年 1 月第 1 版

印次：2020 年 1 月北京第 1 次印刷

发行：新华书店北京发行所

开本：720mm×960mm　1/16

印张：11　　插页：2

字数：183 千字

定价：81.00 元

彩图1　2010年第一届德保矮马马王“骏雄”（公，青毛，2004年生，体尺：86-88-118-12，单位为cm）

彩图2　2013年第二届德保矮马马王“银河子”（公，银鬃毛，2004年生，体尺：95-95-115-12，单位为cm）

彩图3　德保矮马母马（“小玲”）

彩图4　德保矮马公马

彩图5　德保矮马保种场马厩

彩图6　德保矮马保种场运动、训练场

彩图7　德保矮马马群

彩图8　德保矮马原种场

彩图9　德保矮马鉴定

彩图10　德保矮马马匹登记

彩图11　2011年“德保红枫旅游节”德保矮马骑士们

彩图12　德保矮马选秀现场

彩图13　德保矮马选秀颁奖

彩图14　德保少年马球队“红枫旅游节”巡游

彩图15　新加坡籍教练杨良明先生为德保矮马马术运动总教练

彩图16　德保矮马马球队参加北京马术文化节

彩图17　德保矮马马球比赛

彩图18　2014德保首届矮马少儿马术夏令营

彩图19　2014年举办少儿马术夏令营

彩图20　2014年德保县“浩通杯”少儿马术比赛

彩图21　德保矮马风俗风情迎新娘

彩图22　德保矮马迎亲婚车

彩图23　王铁权研究员与德保矮马

彩图24　2009年全国畜牧总站王志刚处长、韩国才教授调研德保矮马

彩图25　德保县陆兰碧县长与吴常信院士参加签字仪式

彩图26　德保县牙韩高县长、中国农业大学张东军副校长、李德发院士参加德保县与中国农业大学签署校县合作协议签字仪式

彩图27　中国第一支少年马球队——德保矮马少年马球队在德保宣布成立（梁建森摄）

彩图28　全国“首届中国矮马产业发展大会”在德保召开

彩图29　德保矮马商标标志

彩图30　德保县石永超县长在“第四届德保矮马发展大会”上致词

彩图31　德保少年马球队参加“首届中国马术大赛”